减重 43KG 无反弹

低糖减脂瘦身餐 112道

[日]铃木沙织 著
梁京 译

中国轻工业出版社

贪吃的我

成功减重 43千克！

从此我也迎来人生的戏剧性转变

步入社会之后，我逐渐养成了通过饮食排解压力的习惯。不知不觉中，身高154cm的我体重居然超过了80kg，体脂率也超过了50%。体检的时候，医生告诉我：“再这么发展下去，恐怕会有生命危险。”因此我下定决心要改变这种糟糕的状态，便毅然决定到RIZAP（日本高人气健身房）进行训练。我原本很讨厌运动，并且喜欢油炸食品和甜点，所以最开始用锻炼配合控制饮食的方式来减重时，觉得很难坚持。

我还记得当时有一位教练对我说：“减肥成功的因素有八成是控制饮食！”。

贪吃又热爱烹饪的我听到这话立刻相信了，然后便开始自己做饭。**减肥期间，按照教练所制定的食谱，我居然还可以吃到拉面、日式煎饼以及我最喜欢的甜点，**这令我感到很惊喜。看着自己的体形一天天在发生变化，我有了动力，便更加努力地减肥。参加了RIZAP主办的美体塑身大赛并入围决赛，这样的事情我过去连想都不敢想。在这本书中，**我介绍了许多我在减肥期间使用的无糖饱腹食谱。**不但可以减肥，还能带给我满满的饱腹感。这些食物不但看起来很诱人，而且方便制作。每天既能够吃饱，又可以变瘦。

铃木沙织（**メロン**）

腰围

103cm→55cm

-48cm

体重

84kg→41kg

-43kg

体脂率

50.7%→12.7%

-38.0%

减重后 同一个人

After

*最小值是为了在活动中展示身体、将身形减至最瘦时的数值。
一般女性体脂率的正常值为20%~25%。

目 录

本书的使用方法

○ 书中所指的1汤匙为15mL、1茶匙为5mL，汤匙、茶匙都是1平勺的量。

○ 使用微波炉烹饪时，一般情况下须将功率调至600W。当将功率调至500W时，加热时间应适当延长为原来的1.2倍。当将功率调为700W时，加热时间则缩短至原来的0.8倍。不同机型的微波炉加热时间会有所变化，操作时视情况而定。

○ 本书所使用的电饭锅的容量为0.55L。不同类型的电饭煲加热效果会各不相同，具体加热时间视情况而定。

○ 本书中所使用的平底锅为用氟化乙烯树脂材料制成的平底锅。在使用非氟化乙烯树脂材质的平底锅烹饪时，请在锅中加入适量油。

○ 本书中所标注的烹饪时间为大致时间，请根据具体情况自行调节。

○ 书中所介绍的菜品在制作时所使用的料酒为无糖料酒，所使用的番茄酱也为低糖番茄酱。也可以替换为普通调味料，但无糖、低糖产品更有利于减肥。

○ 本书所介绍的食谱在制作时全部控制甜度。喜欢甜味的话，可以调整零热量糖（产品名称，用罗汉果提取物制成的无糖甜味料）的用量。

○ 书中成品菜谱均为1人份。甜点为1人份，蛋糕为1人份。

电子微波炉图标
可以用微波炉制作的料理。

电饭锅图标
可以使用电饭锅制作的料理。

肥胖时期

经常感到抑郁，情绪也比较消极。

体检报告上很多检验数据都异常。

不爱说话，每天出门都是一样的装束。

讨厌自己，甚至想要放弃人生。

体重 84kg 我是这样变瘦的！

接下来将介绍自己成功减重43kg的全部过程。
这期间体重稳定下降，
稍微多吃一点的话，体重也不会发生变化，
且不会反弹。

用自己的
方法减重
11kg

首先用自己的方法
进行减重。
开始很顺利，
但很快就进入了
减肥瓶颈期。

刚刚参加集训，
艰难地控制饮食量。
习惯了之后，
看到自己的身体发生变化，
我十分高兴，
也变得更加积极。

塑身期
8个月减重22kg

肥胖时期的饮食

最喜欢用油炸食品和咖喱米饭
来搭配可乐。
蔬菜类几乎只吃迷你沙拉，
饭后再来两份最喜欢的便利店甜点。

减肥期间的饮食

减肥期间，我调整了饮食结构，进食充足的蛋白质和蔬菜。

用大份沙拉搭配美味的牛肉。这样的饮食方式减轻了我的饥饿感。

手工制作的低糖甜点也能在饭后满足自己。

减肥成功后

性格变得开朗，朋友也多了。

体检报告上所有检验数据都正常。

变得爱说话，喜欢外出。

开始喜欢自己，也有了梦想和目标。

成为美体塑身大赛决胜选手，并成为RIZAP的宣传模特

变瘦了之后，皮肤也会变得松弛，这时可以慢慢地增加碳水化合物的摄入量，同时继续锻炼。

第二次塑形期

8个月减重10kg

塑形期

体重变得稳定，肌肉力量增加，体脂率降低。

体重41kg

自己实践过的瘦身饮食规则

Rule 1 彻底减少糖类

为了抑制血糖上升，让脂肪难以储存，增加燃脂效果，必须控制糖类的摄入量。除了少吃甜点和米饭等碳水化合物，还需要注意植物根茎、蔬菜等含糖量较多的食物的摄入量，以及甜料酒等调味料。每日糖类的摄入量控制在50g左右。但在达到目标体重后可以适当增加糖类的摄入。

Rule 2 早饭、中饭要吃好，晚饭要吃少

减肥期间吃好三餐是基础。空腹很容易引起血糖变化，除三餐外可以通过零食补充能量。减少空腹时间，同时要防止暴饮、暴食。早饭、午饭、晚饭、零食最理想的比例应为3：4：2：1。夜间不仅要降低糖类的摄入量，还要减少脂质的摄入，减肥效果更佳。

Rule 3 多吃肉类、鱼类

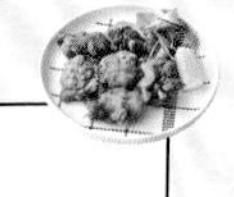

运动减重期间，由于肌肉量会减少，人体基础代谢也会降低，因此减肥期间要摄取足够的蛋白质。除了食用肉、鱼之外，可以通过食用蛋类和大豆制品摄取蛋白质。成年女性一餐应食用80~120g肉类（蛋白质含量在20g左右）。男性、体重较重者、肌肉含量多的人更要多吃。*

*每日的蛋白质摄取量（g），
女性约为体重（kg）×（1~1.5）(g)，
男性约为体重（kg）×（1.5~2）(g)。
例如体重为50kg的女性需要摄取50~75g的蛋白质。

Rule 4 从蔬菜、蘑菇、海藻等食物中摄取足够的膳食纤维

食物中的碳水化合物包括膳食纤维和糖类，如果去掉碳水化合物，那么膳食纤维的摄取量可能会不足。膳食纤维有助于抑制血糖升高、减少脂肪储存、防止便秘，是减肥期间必不可少的物质，请尽量每餐都吃。在食物中均衡摄入水溶性膳食纤维（海藻、魔芋等）和不溶性膳食纤维（蔬菜、蘑菇等）。从这些蔬菜、蘑菇、海藻类中摄入的蛋白质和矿物质也可以起到调节身体机能的作用，因此请注意摄取足够的量。

这里简单介绍下我在RIZAP训练营学到的减肥食疗法，
可应用在“塑形期”“不想过多地减重”
“达到目标体重”后，可以适当调整饮食方案。

Rule 5

摄入优质的脂质

有意识地控制碳水化合物摄入，同时摄入足够的脂质。身体脂肪在没有摄入脂肪的情况下无法燃烧。要点是摄入EPA、DHA等“优质”脂肪。推荐食用坚果、牛油果、青花鱼和秋刀鱼等青鱼、橄榄油（或者亚麻油）等。也可以食用少量色拉油，但大量食用油炸食品是导致肥胖的主要原因。此外，应尽可能避免食用反式脂肪酸含量较多的油。

Rule 6

均衡搭配多种食材

持续食用单一食物的减肥方法，虽然短期之内能达到减重的效果，但这样的饮食方式容易造成营养不良。均衡搭配多种食材，才能养成不易反弹的体质。不仅仅要食用红肉，还要搭配鱼类、大豆制品、鸡蛋等富含蛋白质的食物，以及各种蔬菜，这样营养才能均衡。

Rule 7

提防热量过剩

只控制碳水化合物摄入量不等于控制了热量的摄入。当摄入的热量超过消耗的热量时，即使控制碳水化合物的量，也不会变瘦。此外，不能在一餐中摄入过多的热量。但是，如果摄入的热量没有超过基础代谢量的话，身体就会进入饥饿状态，并开始储存能量。最好的方法是通过三餐和零食，将热量的摄入量控制在需消耗的热量以下。

控制饮食，做运动，
能够增加减肥效果！
这里也会介绍一些简易训练法，
请务必尝试。

不挨饿的
无糖减肥法

为了在吃饱后也能有效减肥且无反弹，
这里将解答减肥中遇到的烦恼和疑问。

控制碳水化合物与控制热量摄入有什么关系？

减肥的前提是控制热量的摄入。热量的摄入量过多或过少都不行。

有的人即使控制碳水化合物的摄入，也不能有效减重，这是因为热量的摄入量大于消耗量。吃掉整袋低糖高热量的坚果，或食用大量芝士会导致肥胖。可以测试自己每天的热量消耗，这样就能对自己每天需要多少热量有个大致的了解。

选用什么样的调味料？

选用无糖的料酒、普通的蛋黄酱、低糖番茄酱。

尽可能地选用低糖调味料。在超市采购料酒、番茄酱、中等浓度的沙司、无糖或低碳水化合物调味料。推荐使用低热量蛋黄酱。白砂糖和甜料酒含糖量较多，可以用零热量糖或“赤藓醇”等甜味料代替。

Q 减肥期间想吃碳水化合物怎么办？

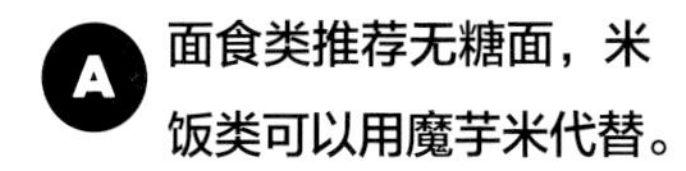

A 面食类推荐无糖面，米饭类可以用魔芋米代替。

面食类可以放心食用用豆腐渣或魔芋制作的“无糖面”。米饭类的食物多是将米饭和其他食材一起煮。推荐使用魔芋米。本书会介绍使用豆腐渣和车前草制作的面包，请务必尝试。无糖产品可以在超市、药店、电商网站购买。

Q 可以吃哪种零食？

A 可以食用坚果、芝士、煮鸡蛋等。推荐食用低糖、低碳水化合物的食物和手工制作的低糖甜点。

说到控糖时期的午后零食，可以选择巴旦木和核桃等坚果，但也可以选择其他零食。如便利店售卖的墨鱼干和小鱼等，低糖饼干、零卡果冻等甜食。挑选时仔细查看包装上的营养成分表，尽可能地挑选糖分（或碳水化合物）含量较低的食品。同时也推荐本书中介绍的低糖甜点。

Q 如何搭配菜品？

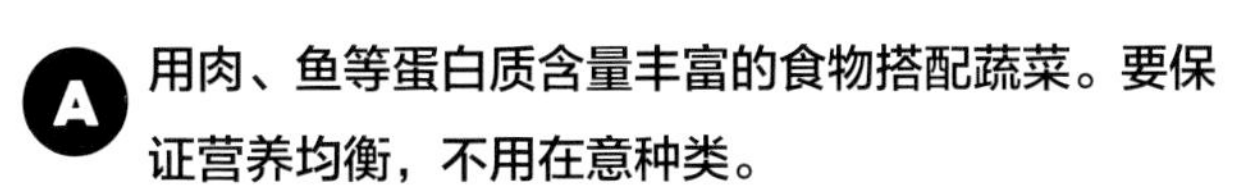

A 用肉、鱼等蛋白质含量丰富的食物搭配蔬菜。要保证营养均衡，不用在意种类。

减肥期间的饮食原则是要保证摄入足够的蛋白质以及各种蔬菜。除了肉类和鱼类外，也可以食用蛋类、豆腐等大豆制品。同时要尽量食用多种蔬菜，“一汤三菜”或“自己喜欢的菜品”都可以。可参考第二部分介绍的食谱。

如果没有时间自己做饭，在便利店该如何挑选午饭呢？

推荐沙拉或关东煮。挑选沙拉时要注意沙拉中蔬菜的种类。

沙拉中的肉质、烤鱼或煮鸡蛋等是主要的蛋白质来源。不要选择关东煮中含糖量较高的食物，以及年糕、豆腐包等。沙拉中的土豆沙拉含糖量较多，吃的时候注意控制分量。玉米、圣女果、胡萝卜等食材含糖量稍高，要少吃。色拉调味汁含糖量较低，可以搭配盐或橄榄油一同食用。

是不是要长时间坚持控糖？

达到目标体重之后就可以开始逐渐增加糖分的摄入量。

在特意控制身体围度的时期（塑形期）将糖分的摄入量控制在每天50g左右。达到目标体重后，开始逐渐增加糖分的摄入量。先从玄米和杂粮米、胚芽和黑麦面包等低GI的食物开始添加（GI为升糖指数，反映食物引起血糖升高的指标。GI值越高越容易堆积脂肪），一点一点增加食用量。同时搭配蔬菜根茎和水果一同食用。

减肥期间经受不住美食的诱惑怎么办？

可以根据含糖量来选择美食。酒类等可以饮用蒸馏酒，但注意不要喝太多。

外出吃饭或遇到酒局时，要注意菜品的选择。烧酒和威士忌等蒸馏酒的含糖量很少，可以放心饮用。也可以喝不含糖的啤酒。但要注意不能喝多，否则不只会摄入过多热量，还会使肌肉分解。推荐食用居酒屋的毛豆、刺身、烤鸡肉串、凉拌豆腐等下酒菜，以及西餐厅里的沙拉、牛排和白汁红肉等。

PART 1

\ 吃货推荐 /

人气
超级无糖菜谱
Top10

这一部分将为大家介绍在博客
或料理教室备受好评、
在美食排行榜排名比较靠前的一些食谱。
菜谱中包括咖喱、拉面、点心等很多人认为
在减肥期间不可以吃的食物，
所有菜品的制作方法都很简单，
一定要试试看。

在料理教室备受学员喜爱的
辛辣料理。辣白菜作为
发酵食品，
对减肥和健康都有益。

碳水化合物
3g
（1人份）

POINT
烹制之前，将鸡腿肉的鸡皮去掉，所摄入的热量会更低。

第一名
1

芝士鸡排

● **材料（2人份）**

鸡腿肉…1块（250g）
辣白菜…50g
A（番茄酱、味噌…各2茶匙
零热量糖…1茶匙　芝麻油…1/2茶匙）
比萨用芝士…20g

● **制作方法**

1. 将鸡腿肉切成较大块。
2. 将切好的鸡肉放入耐热容器中，放入调料A，充分搅拌。在容器表面覆盖保鲜膜后放入微波炉中，调至600W挡，加热3分钟。取出后再次搅拌，再次在容器表面覆盖保鲜膜，放入微波炉中加热3分钟。
3. 取出后加入比萨用芝士搅拌即可。

1人份▸324kcal…蛋白质24.6g/脂质21.8g/膳食纤维1.1g

第二名 2

咖喱肉末

这道料理在微博上很受欢迎。常规的做法是在制作的过程中使用黄油，若将黄油换成咖喱粉可以减少糖分的摄入量。

● 材料（2人份）

鸡肉末…150g
小葱…1/2根（40g）
芹菜…1/4根（20g）
低糖蔬菜果汁…100mL
番茄酱…2汤匙
咖喱粉、西式高汤粉…各1茶匙
酱油、生姜末…各1茶匙

● 制作方法

1. 将小葱、芹菜切碎。
2. 将所有食材和调味料放入耐热容器中充分混合。将保鲜膜覆在容器表面，放入微波炉中，调至600W挡，加热6分钟。取出后再次搅拌，再次将保鲜膜覆在表面，放入微波炉中继续加热4分钟。可根据个人喜好加入半个水煮蛋。

1人份 ▸ **172kcal**…蛋白质14.4g/脂质9.3g/膳食纤维1.7g

POINT
加入三味香辛料、小茴香、辣椒等调料会更美味。可以根据自己的喜好加入莴苣和煮鸡蛋。

第三名 3

自制拉面

减肥期间可以用粗粮做成的面条来制作拉面！搭配上能够勾起食欲的半熟煮鸡蛋一同食用。

○ 材料（2人份）

无糖面（圆面）…2小团（360g）
A（水…400mL
叉烧肉（P28）汤汁…180mL
鸡精粉…1茶匙）
叉烧肉（P28）…2个
煮鸡蛋（P28）…2个
豆芽…1/4袋
海带（干燥）…2g
小葱…1/4根
干笋…50g
烤紫菜（选用）…适量

○ 制作方法

1. 将叉烧肉切成薄片，煮鸡蛋对切成两半，豆芽放入锅中略煮片刻，海带泡发，小葱切成段。
2. 将调料A和无糖面放入锅中煮。
3. 将煮好的面、步骤1中处理好的食材、干笋、烤紫菜盛入盘中。

1人份▸238kcal…蛋白质21.5g/脂质11.8g/膳食纤维12.7g

只需将材料混合后放入电饭锅，就能做出自己喜欢的低糖甜点。

芝士蛋糕

POINT

将小麦粉替换为豆腐渣，除了可以减少糖分的摄入量之外，还能摄入膳食纤维，具有减肥的功效（▸▸P13）。

第四名

4

○ 材料（5.5合的电饭锅1锅份）

奶油芝士…200g
零热量糖…40g
鸡蛋（搅成蛋液）…2个
杏仁牛奶（无糖）…200mL
柠檬汁…1汤匙
发酵粉…10g
豆腐渣（捣碎）…50g
黄油…适量

○ 制作方法

1. 在电饭锅内胆中涂抹一层薄薄的黄油（分量外）。
2. 在容器中放入奶油芝士和零热量糖，用打蛋器充分搅拌。依次放入蛋液、杏仁牛奶、柠檬汁、发酵粉、豆腐渣，充分搅拌。
3. 将步骤2的食材放入电饭锅内胆中，按下煮饭键。将竹扦插入蛋糕内，确认完全蒸熟后取出，切成八等份。

*将竹扦插入蛋糕内后，如果还有夹生，请继续加热，并每隔10分钟查看一次。

每1块▸134kcal…蛋白质5.1g/脂质10.8g/膳食纤维4.3g

蘑菇腌泡汁

膳食纤维含量丰富的蘑菇
也是十分适合用来做
低糖料理的食材，
推荐多吃。

碳水化合物
2.9g
（1人份）

● **材料（2人份）**

丛生口蘑、舞茹…各1包（100g）
A（醋…1汤匙，橄榄油、酱油…各2茶匙、
蒜泥…1/2茶匙，零热量糖…1/4茶匙
盐、胡椒粉…各少量）
干荷兰芹（选用）…适量

● **制作方法**

1. 将丛生口蘑上的杂质去除，掰成小块。将舞菇掰成适量大小。
2. 将处理好的蘑菇放入耐热容器中，用保鲜膜覆盖容器表面后将容器放入微波炉中，调至600W挡，加热3分钟。
3. 加入调料A，混合均匀，放入干荷兰芹。

1人份 ▸ **64kcal**…蛋白质2.9g/脂质4.6g/膳食纤维3.6g

第六名 6

这道料理制作时不添加任何添加物，放到微波炉中加热后就能食用，做法简单。柠檬汁和罗勒叶的加入，使得这道料理的口感更加清爽。

柠檬罗勒香肠

● 材料（2人份）

猪肉末…200g
荷兰芹、罗勒叶…各适量
柠檬汁、零热量糖…各1茶匙
盐…1/2茶匙

○ 制作方法

1. 将所有食材装入密封保鲜袋内揉捏混合。
2. 将袋子一端剪开，将混合好的食材在保鲜膜上挤出大小均匀的六等份即为香肠坯。将香肠坯用保鲜膜裹好，两端拧紧后再裹一层保鲜膜。
3. 将步骤2的材料放入耐热容器中，放入调至600W挡的微波炉中加热2.5分钟。

1人份 ▸ 237kcal…蛋白质17.7g/脂质17.2g/膳食纤维0g

POINT

如果保鲜膜在加热时破裂，请取出，重新包裹后继续加热。可以根据个人喜好添加蔬菜嫩芽和切成月牙状的柠檬。

广岛风什锦烧

○ 材料（2人份）
无糖面（扁面、煮至半熟）…1团（360g）
切薄的猪腿肉…100g
圆白菜…1个
鸡蛋…4个
豆芽菜…1/2袋
A|（酱油…2茶匙　和风高汤粉…1茶匙　蛋黄酱…2茶匙）
自己喜欢的酱汁（最好用无糖型）…1茶匙
青海苔、鲣鱼干、红生姜（选用）…各适量
蛋黄酱、沙司…各适量

这道料理制作时不使用小麦粉，所以这道料理糖的含量很低。美味蛋黄酱的加入也能在品尝这道料理时更觉满足！

碳水化合物
3.8g
（1人份）

○ 制作方法

1. 将猪腿肉切成大片。将圆白菜切成粗丝，和2个鸡蛋一同搅拌。
2. 将猪腿肉放入平底锅，用中火炒。炒至变色后放入无糖面、豆芽菜、调料A，炒至豆芽菜发蔫后盛出。
3. 将1/2步骤1中的蛋液圆白菜倒入平底锅中，用中火炒。炒至蛋液凝固后倒入1/2步骤2中的食材，翻炒过程中让所有食材中间形成凹陷，打入1个鸡蛋，3分钟后，翻面后进行同样操作。
4. 盛入盘中，将蛋黄酱和沙司浇在上面。摆上红生姜，撒上青海苔和鲣鱼干即可。蘸食自己喜欢的酱汁食用。

1人份 ▸ **319kcal**…蛋白质26.6g/脂质19.8g/膳食纤维7.3g

第七名
7

第八名 8

咕噜咕噜咖喱鸡

碳水化合物 1.8g（1人份）

用电饭锅加热后的鸡肉柔软多汁。咖喱粉也是有助于减肥的食材。

材料（2人份）

鸡胸肉…1块（200g）

A（咖喱粉、料酒、番茄酱、蛋黄酱、零热量糖…各1/2汤匙
蒜泥…1/2茶匙
西洋风高汤粉…1/4茶匙）

制作方法

1. 用叉子将鸡胸肉表面扎若干个小孔，切成较大块。将调料A放入密封保鲜袋中，排净空气后密封，充分揉捏混合。
2. 将鸡胸肉放入电饭锅中，倒入能够浸没食材的开水，加热90分钟左右。

1人份▶**181kcal**…蛋白质21.7g/脂质8.4g/膳食纤维0.7g

POINT

将鸡肉去皮烹饪可以减少热量的摄入量。可以根据个人喜好添加其他蔬菜类食材。

红酒炖牛肉

碳水化合物
4.3g
（1人份）

这道料理可以作为居酒屋的美味料理。红葡萄酒中含有的大量多酚可以使牛肉更加软烂。

○ 材料（2人份）

牛肉块…200g
小葱…1/8根
丛生口蘑…1包
盐、胡椒粉、色拉油…各适量
A（红酒、低糖蔬菜汁…各100mL
零热量糖…2茶匙
西式高汤粉、酱油、番茄酱…各1茶匙）

○ 制作方法

1. 将小葱切丝。丛生口蘑洗净后择成小块。
2. 在牛肉块上撒盐、胡椒粉。将色拉油倒入锅中用中火加热，放入牛肉烧热。牛肉变色后加入步骤1的材料，炒3分钟左右。
3. 加入调料A，盖上锅盖用中火煮60分钟左右。撒上盐和胡椒粉调味。

1人份 ▸ **281kcal**…蛋白质22.5g/脂质14.6g/膳食纤维2.5g

减肥期间也可以吃
可可含量较高的巧克力。
这道料理外观看起来很可爱，
很适合作为礼物送人。

碳水化合物
1.2g
（1人份）

巧克力坚果杯形蛋糕

● **材料（直径为4cm的小蛋糕6份）**

巧克力（可可含量为95%）…20g
零热量糖…25g
鸡蛋（搅成蛋液）…2个
杏仁牛奶…60mL
朗姆酒…1茶匙
A（豆腐粉（小颗粒）…10g
杏仁粉…5g　发酵粉…4g）
杏仁、核桃仁…各6粒
南瓜子（选用）…12粒

POINT
用竹扦扎入
蛋糕内部串起来，
完全熟透即可。

● **制作方法**

1. 将巧克力放入耐热容器中，不用覆盖保鲜膜，放入微波炉中，调至600W挡加热1.5分钟。
2. 按顺序放入零热量糖、蛋液、杏仁牛奶、朗姆酒、调料A，用打蛋器充分搅拌。倒入模具中，将杏仁、核桃仁、南瓜子摆在上边。
3. 放入预热至160℃的烤箱中烤20~25分钟。

1人份 ▸ **114kcal**…蛋白质4.5g/脂质9.5g/膳食纤维2.4g

第十名
10

专栏1

可以同时进行训练（烹饪篇）

下面将介绍不需要专用器械和场所，利用空闲时间就能完成的简单动作。这些动作有助于减肥，而且在烹饪时都可以做。食物在微波炉中加热或在锅里煮的时候可以试试。

瘦上臂

拉伸三头肌

1. 将灌满水的塑料瓶握在手中，向上伸直手臂。用另一只手撑住肘部。
2. 肘部弯曲90°，然后慢慢伸直。另一侧重复同样的动作。

POINT

将重心集中在手腕上。可以用调味料、酒瓶等代替塑料瓶。

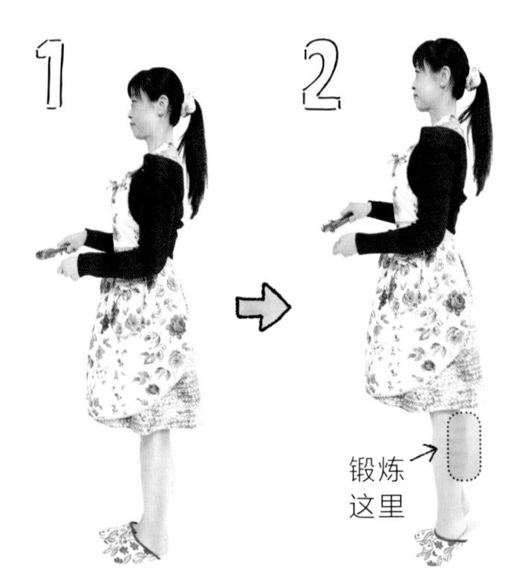

瘦小腿

训练腓肠肌

1. 双脚打开，比肩部略窄。
2. 慢慢抬起脚后跟，保持数秒。缓慢恢复站立姿。

POINT

尽可能地抬高脚后跟。伸直背部，保持正确姿势。

＼ 令人满足的预制食品 ／

一周早、中、晚三餐的减肥预制食品

这里介绍的食谱都是我自己使用过的。
所有菜品的糖分摄入量都能控制在每天50g左右，
可以放心食用。可以利用周末预制的菜品，
这样在工作日时，每次烹饪料理的时间就能控制在
10分钟左右。无论多忙都可以尝试。

*第二部分所有食谱中使用的食材都是制作一餐的量。
需要制作两餐时，请使用双倍食材进行烹饪。
*食物有保存期限，且食材的保质期会根据食材新鲜度和
保存环境的不同而有所变化，请仔细确认。

Step1

首先在周末
准备7种预制食物！

为了度过繁忙的工作日，要在周末准备基础食品。
这7种万能的预制食物，可以直接食用，
或经加工后再食用。

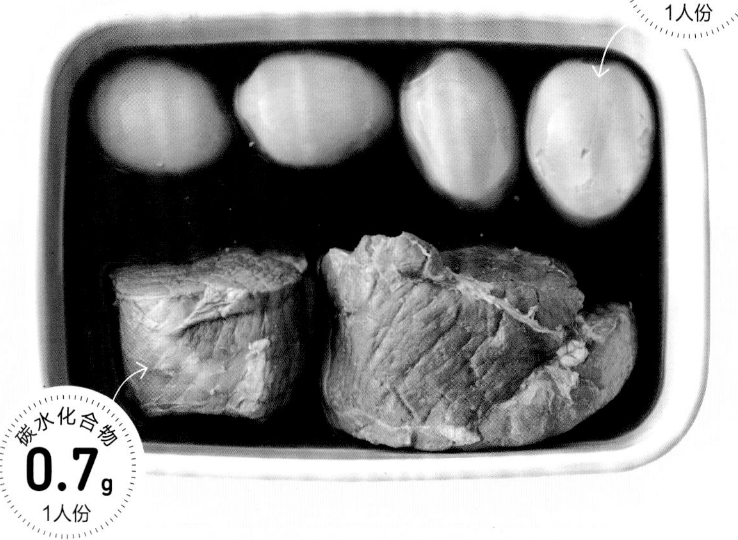

作为主菜和沙拉的配菜

冷藏保存 7 日

叉烧肉 & 煮鸡蛋

○ **材料（4餐份）**

猪腿肉块…320g
煮鸡蛋…4个
A（水…200mL
酒、酱油…各50mL
零热量糖…30g
盐…少量
生姜（切薄）…3片）

POINT

煮鸡蛋可以提前腌渍一夜。
卤汁也可以派上用场。

○ **制作方法**

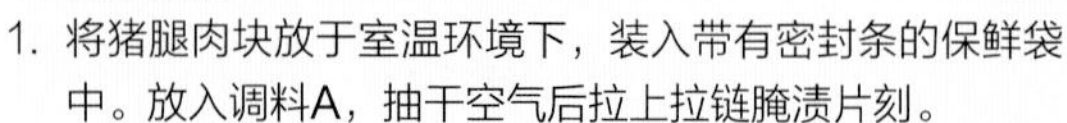

1. 将猪腿肉块放于室温环境下，装入带有密封条的保鲜袋中。放入调料A，抽干空气后拉上拉链腌渍片刻。
2. 食用之前，将步骤1的猪肉放入电饭锅中，加入能够浸没食材的开水，加热90分钟。加热结束后将煮鸡蛋放入保存袋中腌渍。

1人份 ▸ 叉烧肉153kcal…蛋白质16.8g/脂质8.2g/膳食纤维0g

1人份 ▸ 煮鸡蛋90kcal…蛋白质7.1g/脂质5.7g/膳食纤维0g

冷藏保存 **4** 日

直接食用或烤后食用

烤牛肉

○ 材料（4餐份）

牛腿肉…320g

A（盐、蒜泥…各1茶匙
黑胡椒碎…少量）

B（酒、酱油…各1汤匙
零热量糖…1茶匙　黄油…5g）

○ 制作方法

1. 将调料A涂在牛腿肉上，在室温环境下放置30分钟。放进平底锅用中火煎至变色，装入可密封保鲜袋中，抽干空气后密封。
2. 向锅里倒1.5L水煮沸，关火。加入200mL水并放入步骤1的牛肉，盖上锅盖煮30分钟。
3. 将步骤2的肉汁和调料B放入平底锅中，开中火。将汤汁熬至黏稠状，作为调味汁。将肉和调料汁分开存放。

1人份 ▸ 烤牛肉 189kcal…
蛋白质16.2g/脂质12.4g/膳食纤维0g

1人份 ▸ 调料汁 15kcal…
蛋白质0.3g/脂质1g/膳食纤维0g

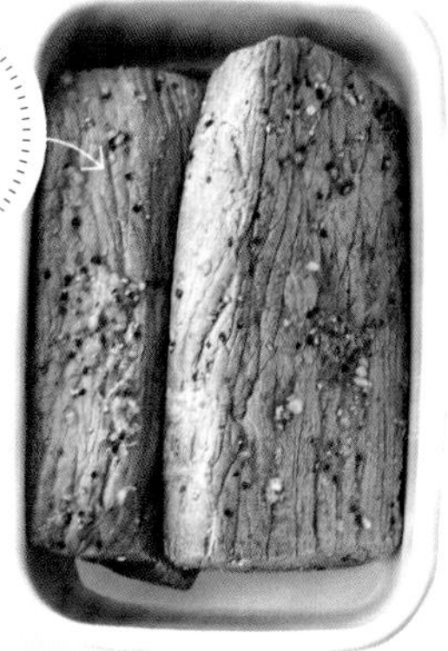

冷藏保存 **7** 日

朴素的味道有多种加工方法

蒸鸡

○ 材料（6餐份）

鸡胸肉（去皮）…3块（600g）

A（酒…50mL
盐…1茶匙）

○ 制作方法

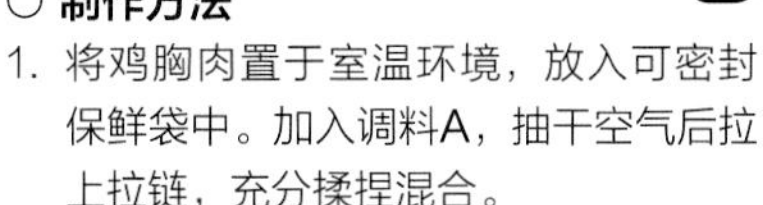

1. 将鸡胸肉置于室温环境，放入可密封保鲜袋中。加入调料A，抽干空气后拉上拉链，充分揉捏混合。
2. 将步骤1的鸡肉放入电饭锅中，倒入刚刚能够浸没的开水（分量外），加热90分钟。

1人份 ▸ 123kcal…
蛋白质23.3g/脂质1.9g/膳食纤维0g

POINT

可以用电饭锅同时烹饪蒸鸡和叉烧肉（P28）。

冷藏保存 **7** 日

烤鱼和汤菜

鲑鱼酱菜

○ 材料（4餐份）

鲑鱼…4块

A（酒…2汤匙
酱料…1汤匙
零热量糖…2茶匙）

○ 制作方法

将调料A倒入可密封保鲜袋中充分拌匀，放入鲑鱼，混合后抽干空气密封。放入冰箱中保存。

1人份 ▸ 153kcal…
蛋白质23.1g/脂质4.8g/膳食纤维0.2g

POINT

可以用腌过的鸡肉、猪肉、牛肉、旗鱼等代替鲑鱼。

冷藏保存 **7** 日

烤着吃或者拌着吃都很美味

香味蔬菜鸡肉松

○ 材料（2餐份）

鸡肉末…80g　青紫苏叶…2片
榨菜…20g　生姜…1块（5g）
蘘荷…1根

A（白芝麻酱、零热量糖…各1汤匙
酒、酱油…各1/2汤匙
芝麻油…1/2茶匙）

○ 制作方法

1. 将青紫苏叶、榨菜、生姜、蘘荷切碎。
2. 将所有食材和调味料A放入耐热容器中充分搅拌。用保鲜膜覆盖后放入微波炉，调至600W挡加热3分钟。取出后再次搅拌，再次覆盖保鲜膜，放入微波炉中加热2分钟。

1人份 ▸ 149kcal…
蛋白质9.6g/脂质10.8g/膳食纤维1.9g

POINT

加热后仍有汁液，请继续加热，并每隔30秒查看一次。
可以多做一些冷冻保存起来。

碳水化合物
1.2g
1人份

冷藏保存 **7** 日

色彩鲜艳的小菜

彩色腌泡汁

○ 材料（4餐份）

红、黄辣椒…各1/2个

黄瓜…1根

A（零热量糖…3汤匙
柠檬汁、醋…各2汤匙
盐、胡椒粉…各少量）

○ 制作方法

1. 辣椒去蒂、去子，切成较大块。黄瓜切成菱形块。
2. 将所有食材放入容器中，放入调料A轻轻搅拌，放进冰箱。

1人份 ▸ 17kcal…
蛋白质0.6g/脂质0.1g/膳食纤维0.8g

POINT

在预制食物中加醋可以延长保存期限。

冷藏保存 **7** 日

可以埋进便当的缝隙中

用紫甘蓝制作的德国酸菜

○ 材料（4餐份）

紫甘蓝（或圆白菜）…1/8个（100g）

A（酒…50mL 醋、零热量糖…各1汤匙
西式高汤粉…1茶匙
盐…少量）

○ 制作方法

1. 将紫甘蓝切丝。
2. 将步骤1的紫甘蓝和调料A倒入耐热容器中混合均匀。用保鲜膜覆盖后，放入微波炉中，调至600W挡加热3分钟，冷却后放入冰箱冷藏。

1人份 ▸ 13kcal…
蛋白质0.4g/脂质0.1g/膳食纤维0.5g

Step2

来吧！
用减肥食谱挑战无糖！

要点是早上、中午要吃饱，
晚上要少吃。
灵活运用预制食物，
可以让烹饪时间少于10分钟！

*分量表中未记录的食材，请适量使用。

第1天

早

以叉烧肉为主的中式菜肴

叉烧肉&煮鸡蛋

将切成适量大小的叉烧肉和1/4个
煮鸡蛋（P28）放进容器，
添上煮过的青梗菜、白发葱、辣椒丝。

* * * * *

芦笋和辣椒制作的中华拌菜

▶▶ P86

* * * * *

煮西蓝花和莴苣沙拉

搭配低糖调味汁或盐和橄榄油。

1人份 ▶ 306kcal…蛋白质28.5g/脂质15.5g/膳食纤维4.7g

碳水化合物 6.7g 1人份

第1天

1人份 ▸ **412kcal**…蛋白质25.7g/脂质27.6g/膳食纤维4.3g

碳水化合物 **9.9g** 1人份

中

低糖三明治午餐盒

用油炸豆腐制作淘气三明治

油炸豆腐用烤面包机烤一下，从中间切开，切成口袋状，涂上2茶匙蛋黄酱、1茶匙芥末。放入莴苣、1/4块烤牛肉（**P29**）、黄瓜、1/4份用紫甘蓝制作的德国酸菜（**P31**）做成三明治。用保鲜膜包裹后和连同保鲜膜一起切成两半。

* * * * *

芦笋和辣椒制作的中华拌菜 ▸▸ P86

* * * * *

水煮西蓝花、圣女果、黄瓜

晚

用无糖面制作美味乌冬

美味鸡肉乌冬

锅中倒入少许芝麻油，用中火烧热，将1/6块蒸鸡（P29）、葱丝放进锅中炒至变色，放入1汤匙料酒、1茶匙酱油和零热量糖。加入1团控干水分的无糖面（扁面）、200mL水、1汤匙料酒、1茶匙酱油、1茶匙零热量糖 、1/2茶匙和风高汤粉、少量盐，将无糖面煮熟。盛入盘中，添上菠菜、海带，可以根据自己的喜好撒上五香粉。

＊ ＊ ＊ ＊ ＊

火辣辣的辣黄瓜 ▸▸ P80

＊ ＊ ＊ ＊ ＊

西蓝花新芽和煮鸡蛋拼盘

可以添上低糖沙拉调料、盐和橄榄油。

碳水化合物 **4.9g** 1人份

1人份 ▸ **291kcal**…蛋白质32.5g/脂质9.6g/膳食纤维15.9g

1人份 ▸ 230kcal…蛋白质18g/脂质13.8g/膳食纤维1.9g

碳水化合物 **5.4g** 1人份

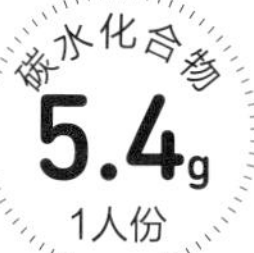

早

美味的沙拉拼盘

烤牛肉沙拉碗

将莴苣、嫩菜、
1/4份烤牛肉（P29）、
1/4份彩色腌泡汁（P31）、
蛋黄酱盛在盘中，
搭配烤牛肉调料汁（P29）
一同食用。

第2天

中

口感丰富的蔬菜便当

叉烧肉&煮鸡蛋

将1/4份剁碎的叉烧肉（P28）和切丝的葱、
干笋（市场上买的）、1茶匙叉烧汤汁、
1/2茶匙炒芝麻（白）、1/4茶匙鸡精粉、
1/4茶匙辣油均匀拌在一起。
摆入一个煮鸡蛋（P28）。

* * * * *

用紫甘蓝制作的
德国酸菜 ▸▸ P31

* * * * *

芦笋和辣椒制作的
中式拌菜 ▸▸ P86

* * * * *

莴苣、黄瓜、水煮西蓝花、煮豌豆

碳水化合物 **11.2g** 1人份

1人份 ▸ 366kcal…蛋白质30g/脂质17.5g/膳食纤维6.1g

1人份 ▸ 230kcal…蛋白质29.3g/脂质7.8g/膳食纤维5.4g

碳水化合物 5.6g 1人份

晚

以鱼类为主的和风菜品

烧鲑鱼

将白菜铺在铝箔上，将1/4份鲑鱼酱菜（P30）、丛生口蘑、舞菇、煮西蓝花盛在上边，撒上少量盐和黑胡椒碎，包裹。放在烤鱼架上烤20~25分钟。

* * * * *

金平青椒樱花虾 ▸▸ P86

* * * * *

白菜和丛生口蘑味噌汤

将200mL水、1/2茶匙和风高汤粉、半棵白菜放入锅中，煮开后加入25g丛生口蘑继续煮。再加入1茶匙味噌调味即可。

第3天

1人份 ▸ 414kcal…蛋白质29.8g/脂质27.5g/膳食纤维4.4g

碳水化合物
6.2g
1人份

早

一盘营养均衡的预制菜肴

鲑鱼芝麻烧

向1/4份鲑鱼酱菜（P30）中加入1汤匙蛋黄酱、
涂上2汤匙炒芝麻（白），放在平底锅中烤。

* * * * *

用紫甘蓝和毛豆制作蛋黄酱沙拉

取1/4份用紫甘蓝制作的德国酸菜（P31）、
加入有机毛豆、1茶匙蛋黄酱、适量黑胡椒碎，充分搅匀。

* * * * *

用海带和豆芽菜煮中华汤

将切好的海带（干燥）1g用水泡发。将200mL水、
1茶匙鸡精粉倒入锅中，煮开后加入20g豆芽、少量盐和黑胡椒碎。

* * * * *

用西蓝花新芽和蘑菇制作沙拉

可以搭配低糖沙拉调料或盐和橄榄油。

中

色彩鲜艳的奢华午餐盒

烤牛肉 ▸▸ P29

*调料汁另外盛在一旁。

* * * * *

彩色腌泡汁 ▸▸ P31

* * * * *

用紫甘蓝制作的德国酸菜 ▸▸ P31

* * * * *

青菜、煮鸡蛋、煮西蓝花

碳水化合物 6.2g 1人份

1人份 ▸ 271kcal…蛋白质22.1g/脂质15.5/膳食纤维2.6g

碳水化合物 2.9g 1人份

1人份 ▸ 198kcal…蛋白质29.2g/脂质5.4g/膳食纤维5.1g

晚

沙拉轻食晚餐

用蒸鸡和羊栖菜制作营养沙拉

将蒸鸡和羊栖菜制作的营养沙拉（P82）盛在盘中，放入1个同德国酸菜（P31）一同腌泡的鹌鹑蛋。

1人份 ▸ 224kcal…蛋白质26.8g/脂质9g/膳食纤维2.3g

碳水化合物 5g 1人份

早

营养均衡的大份沙拉

蒸鸡怪味沙拉

将嫩菜、辣椒盛入容器，
摆上1/6份蒸鸡（P29），
将1/2汤匙酱油、1/2芝麻酱（白）、
1/2茶匙醋、1/2茶匙辣油、
1/2茶匙零热量糖、1/4茶匙生姜末、
1/4茶匙蒜末、切好的长葱（2cm）
混合成酱汁浇在上边。

第4天

中

蔬菜和肉类均衡搭配的便当

切成块的烤肉沙拉

将莴苣、嫩菜铺在便当盒中，
将1/4份切成块、在平底锅中
烤过的牛肉（P29）和
煮鸡蛋摆在便当盒中。
将1/4份彩色腌泡汁（P31）、
2茶匙橄榄油、少量盐、
黑胡椒碎混合后
浇上沙拉调料，再添上豌豆。

碳水化合物 6.6g 1人份

1人份 ▸ 339kcal…蛋白质21.4g/脂质23.5g/膳食纤维2.3g

1人份 ▸ 243kcal…蛋白质27.1g/脂质8.5g/膳食纤维5.9g

碳水化合物 9g 1人份

晚

以蔬菜汤为主的晚餐

鲑鱼奶油味噌汤

将1/4份做好的鲑鱼酱菜（P30）倒入锅中，
放入白菜、丛生口蘑、200mL杏仁牛奶（无糖）、
1茶匙味噌、1/2茶匙西式高汤粉，煮10分钟。

* * * * *

彩色腌泡汁沙拉

将莴苣铺在容器中，盛入1/4份彩色腌泡汁（P31）。

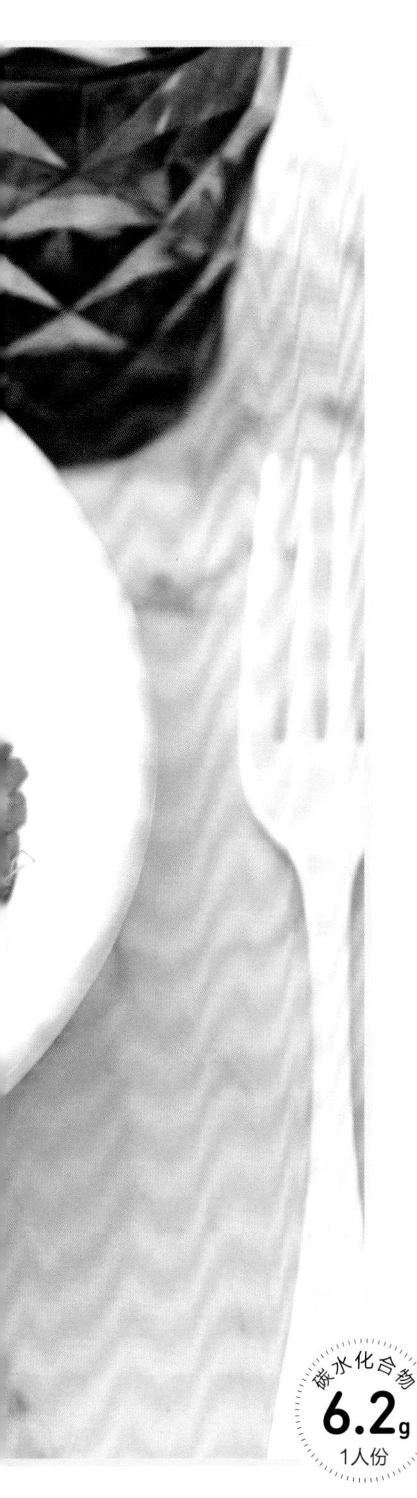

第5天

早

养胃的清爽沙拉早餐

配料多样的豆腐鱼肉松沙拉

将鸭儿芹切成大块，青紫苏切丝，
与西蓝花芽拌在一起，再将1/2块控干水分、
切片的绢豆腐及1/2份香味
蔬菜鸡肉松（P30）也装盘。
将各1/2茶匙的酱油、醋、零热量糖，
1/4茶匙辣油，少量盐、
酱油混合成沙拉调料，浇在上边。

1人份 ▸ **288kcal**…蛋白质20.6g/脂质18g/膳食纤维4.2g

碳水化合物
6.2g
1人份

1人份 ▸ 372kcal…蛋白质29.2g/脂质21.8g/膳食纤维3.6g

中

添加了坚果、兼备美容功效的中式沙拉

用叉烧肉和坚果制作中华沙拉

将水菜、1/4份撕碎的叉烧肉、煮鸡蛋（P28）片、
小萝卜、煮过的豌豆装盘。
1/3茶匙叉烧肉（P28）汤汁、1茶匙炒芝麻（白）、
1/2茶匙醋、1/4茶匙辣油混合成沙拉调料，浇在上边。
撒上10粒碾碎的杏仁，摆入辣椒丝。

晚

无糖面制作的饱腹晚餐

火辣的韩式拉面

将1团煮熟、控干水分的无糖面，1/6份撕碎的蒸鸡（P29）、黄瓜、50g腌白菜、1/2个煮鸡蛋放进盘中，将1茶匙零热量糖、1茶匙酱油、1茶匙醋、1/2茶匙蒜末、各1/4茶匙的鸡精粉和豆瓣酱混合均匀后淋在面上。

* * * * *

用莴苣、煮西蓝花、核桃制作沙拉

可以搭配低糖沙拉调料或盐和橄榄油。

碳水化合物 7.2g 1人份

1人份▸260kcal…蛋白质32.3g/脂质7.7g/膳食纤维14.5g

第6天

1人份▸**295kcal**…蛋白质27g/脂质17.3g/膳食纤维6.2g

碳水化合物
3g
1人份

早

添加牛油果、提升满足感的早餐沙拉拼盘

用切块的蒸鸡制作沙拉

将水芹装盘，摆入1/6份切块的蒸鸡（**P29**）、
1/2个牛油果块、黄瓜丁、圣女果丁、切成圆片的橄榄（黑）。
取蛋黄酱、番茄酱、柠檬汁、醋、零热量糖各1茶匙，
混合成调料汁浇在上边。

用制作早餐剩下的牛油果来制作午餐

1/8份叉烧肉（P28）

用牛油果和虾制作芥末拌菜

将1/2个牛油果去核，放入钵中，加入2茶匙蛋黄酱、1茶匙酱油、1/2茶匙芥末，捣碎并充分搅匀。放入4只煮虾搅拌，再放回牛油果皮中。

* * * * *

用牛油果新芽和莴苣制作的沙拉

浇上低糖沙拉调料或者盐和橄榄油。

碳水化合物 4g 1人份

1人份 ▸ 319kcal…蛋白质19.1g/脂质23.9g/膳食纤维4.2g

第6天

晚

具有民族风味的生姜炒菜

将木耳（干燥）用水泡发，放入平底锅中。
加入红辣椒、青椒，用中火炒片刻，
放入1/6份切成较大块的蒸鸡（P29）、水煮笋、
1汤匙料酒、1茶匙生姜末、味噌、鱼酱油、
零热量糖各1/2茶匙，以及适量红辣椒（切成圆片）、
黑胡椒碎（黑），炒至没有汤汁。

* * * * *

用水菜和黄瓜制作的绿色沙拉

搭配低糖沙拉调料或者盐和橄榄油。

1人份 ▸ 193kcal…蛋白质27.7g/脂质2.5g/膳食纤维6.8g

碳水化合物 6.4g 1人份

第7天

早

一汤三菜的放心和风早餐

加了鱼肉松的煎鸡蛋

在钵中放2个鸡蛋，加入1/2份的香味蔬菜鸡肉松（P30）搅匀。
取酱油、零热量糖各1/2茶匙，搅拌均匀。
锅里加入少量色拉油，中火烧热后倒入蛋液。

＊ ＊ ＊ ＊ ＊

凉拌菠菜

在煮过的菠菜上摆干鲣鱼片，
浇上酱油。

＊ ＊ ＊ ＊ ＊

用丛生口蘑、舞菇和豆芽菜熬汤

向锅里倒200mL水，加入1/2茶匙和风高汤粉，
煮开后放入丛生口蘑、舞菇各20g，
以及1/4袋豆芽继续煮。加入1茶匙酱调味。

＊ ＊ ＊ ＊ ＊

海蕴（市销成品）

1人份▸356kcal…蛋白质27.3g/脂质23.1g/膳食纤维6.4g

第7天

1人份 ▸ **288kcal**…蛋白质25.5g/脂质14.1g/膳食纤维14.5g

中

低糖拉面，令人满足的假日午餐

自制拉面 ▸▸ P18

* * * * *

用圆白菜和小沙丁鱼制作韩式拌菜 ▸▸ P84

晚

以烤鱼为主的营养晚餐

腌烤鲑鱼

将1/4份鲑鱼酱菜（P30）放在烤架上烤10~15分钟。

* * * * *

用圆白菜和小沙丁鱼制作韩式拌菜 ▸▸ P84

* * * * *

用圆白菜和海带熬汤

将2g切碎的海带（干燥）放在水里泡发。向锅中倒入200mL水、1/2茶匙和风高汤粉，煮开后放入半个圆白菜，放入海带和1茶匙酱。

* * * * *

煮青梗菜

撒上低糖调味汁或盐和橄榄油。

碳水化合物 7.4g 1人份

1人份 ▸ **238kcal**…蛋白质29.6g/脂质7.7g/膳食纤维4.7g

专栏2

可以同时进行训练
（工作篇）

下面将介绍不需要专用场地和道具，利用空闲时间就能够完成的简单动作，而且是有助于减肥的训练法。这里挑选出了坐在办公桌前就能完成的运动，我伏案工作时经常做。

瘦大腿内侧

挤压毛巾

1. 用膝盖夹住毛巾，大腿内侧绷紧保持数秒。
2. 慢慢放松。

POINT

也可以用小球、护膝、书等代替毛巾。

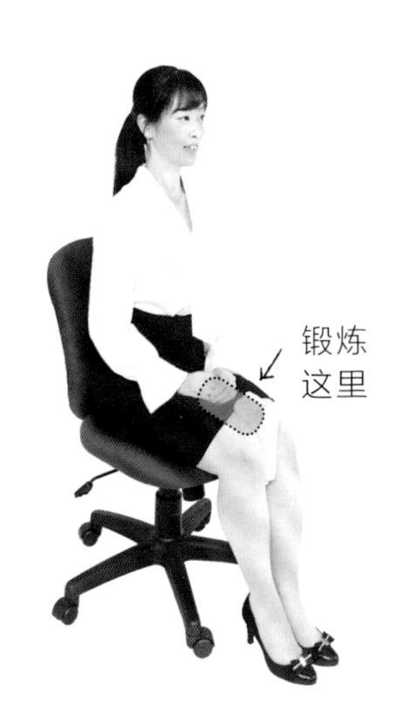

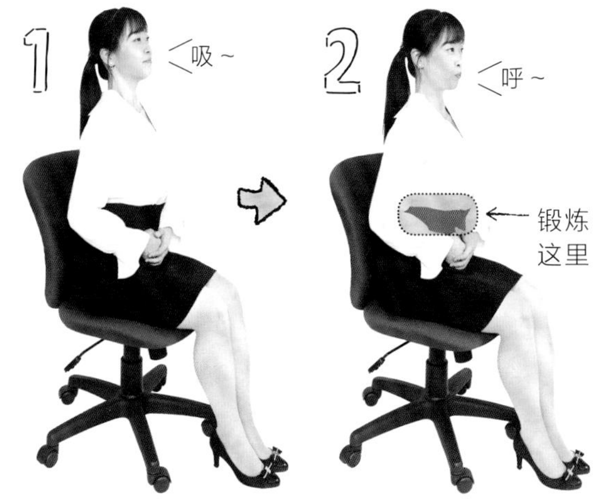

瘦腹部

收缩腹部

1. 坐直，用鼻子深吸气。
2. 从口中慢慢地吐气，腹部凹进去。

POINT

尽可能地延长吸气和呼气的时间。

\ 碳水化合物5g以下 /

每天都可以吃饱的瘦身食谱

分类介绍每日推荐料理中的
肉类、海鲜、蔬菜等食物素材。
只要营养均衡，就可以自由组合！
灵活使用微波炉和电饭锅，
集合众多制作简单的菜品。
尝尽美食，轻松减肥！

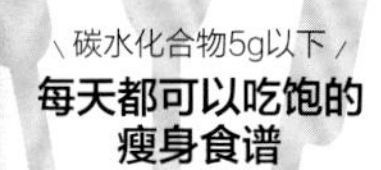

diet recipe

鸡肉

用车前草代替淀粉，减少碳水化合物的摄入

干炸、油炸

● 材料（2人份）

鸡腿肉…1块（250g）
蛋白…1个份
A（酱油…2茶匙
芝麻油、料酒、
零热量糖…各1茶匙
生姜末、蒜末…各1/2茶匙）
车前草…40g

POINT

加入自己喜欢的嫩菜叶和柠檬。
车前草别名“欧车前”，可食用，
含有丰富的膳食纤维。可以在药品店
买到粉末状的制品（▸▸ P13）。

● 制作方法

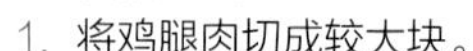

1. 将鸡腿肉切成较大块。

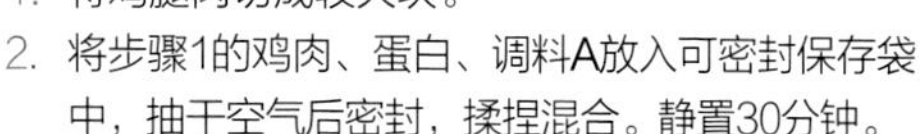

2. 将步骤1的鸡肉、蛋白、调料A放入可密封保存袋中，抽干空气后密封，揉捏混合。静置30分钟。
3. 在步骤2的材料中加入车前草，摇匀。
4. 在耐热盘中铺上揉得皱巴巴的耐油纸，将半份步骤3的材料盛在纸上。不用保鲜膜，直接放进微波炉中，调至600W挡加热3分钟。中途取出，翻面，再加热2分钟。剩下的部分用同样的方法制作。

1人份 ▸ **294kcal**…蛋白质23.6g/脂质19.9g/膳食纤维18g

鸡肉的任何部分几乎都不含碳水化合物，可以放心食用！

芥末煎鸡肉

● 材料（2人份）

鸡胸肉…1块（200g）
A（白葡萄酒…1汤匙
橄榄油、芥末粉…各2茶匙
酱油、零热量糖…各1茶匙）

POINT

可以添加莴苣、西红柿等
自己喜欢的蔬菜。
将鸡肉去皮后食用可以减少
热量的摄入。

● 制作方法

1. 将鸡肉切成薄片。

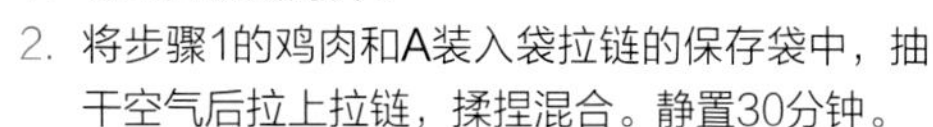

2. 将步骤1的鸡肉和A装入袋拉链的保存袋中，抽干空气后拉上拉链，揉捏混合。静置30分钟。
3. 将步骤2的材料连同汁液放入耐热容器中，用保鲜膜轻轻包裹，放进微波炉，调至600W挡加热5分钟。

1人份 ▸ **201kcal**…蛋白质21.9g/脂质10.7g/膳食纤维0g

碳水化合物
1.5g
（1人份）
碳水化合物
1.2g
（1人份）

碳水化合物
1.3g
（1人份）

健康的高蛋白鸡脯肉制作上等佳肴

和风鸡肉卷

材料（2人份）

鸡脯肉…2块（80g）
鸡肉馅…80g
绢豆腐…1/10块（40g）
剥好的毛豆…10g
小葱…2根
A（酱油、零热量糖…各1茶匙
生姜末…1/2茶匙
盐、胡椒粉…各适量）

POINT
将鸡肉卷切成适当大小后盛入盘中。

制作方法

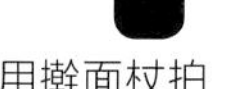

1. 将剔除筋的鸡胸肉用保鲜膜包裹，用擀面杖拍打。将小葱切碎。
2. 将鸡肉馅、豆腐、毛豆、小葱、A放入钵中搅拌。
3. 将步骤2的材料放在鸡胸肉上均匀卷起，像包糖纸一样用保鲜膜包裹，放入带拉链的保存袋中，抽干空气后拉上拉链。
4. 将步骤3的材料放入电饭锅中，倒入刚刚能够浸没的开水（分量外），保温60分钟。

1人份 ▸ 139kcal…蛋白质18.1g/脂质6.1g/膳食纤维0.5g

碳水化合物 4.2g（1人份）

准备制作泰式照烧鸡

泰式照烧鸡

材料（2人份）

鸡胸肉…1块（200g）

A（蚝油、蒜末、酱油、零热量糖、鱼酱油…各2茶匙）

POINT

切成适量大小装进盘子。可以根据喜好添加荷兰芹、切片的酸橙。

制作方法

1. 用叉子在鸡胸肉表面扎若干个小孔。
2. 将步骤1的鸡肉和调料A装入可密封的保鲜袋中，抽干空气后拉上拉链，静置30分钟。
3. 将食材放入铺有锡纸的烤盘中，将微波炉调至烧烤模式，调至1000W挡，放入步骤2的材料烤10~15分钟。

1人份 ▸ 169kcal…蛋白质23.1g/脂质6g/膳食纤维0g

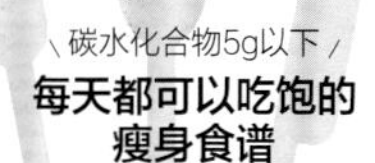

diet recipe

猪肉

暖和身体！生姜味满满

猪肉生姜炒菜

● **材料（2人份）**

猪肉馅…200g
圆白菜…1个
青椒…1个
茄子…1根
A（料酒、酱油、
零热量糖…各1汤匙
生姜末…2茶匙
盐…1撮）

● **制作方法**

1. 将圆白菜切成大块，将青椒、茄子切碎。
2. 将猪肉馅放进平底锅中，开中火炒至变色，加入步骤1中的食材炒2分钟。
3. 加入混合好的调料A，将汤汁收干。

1人份▸**300kcal**…蛋白质21.2g/脂质19.4g/膳食纤维2.1g

用切薄的肉片卷起炸过的豆腐，口感十足

油炸豆腐块拌咖喱肉卷

● **材料（2人份）**

切片的猪里脊…8片（160g）
略微炸过的豆腐…1块（130g）
A（酱油、水…各1汤匙
零热量糖…2茶匙
蒜末、咖喱粉…各1茶匙）

● **制作方法**

1. 将略微炸过的豆腐切成八等份。
2. 将8块豆腐分别用猪肉卷起。将卷好的肉卷放入平底锅中，开中火。烤3分钟后翻面再烤2分钟。
3. 加入混合好的调料A，将汤汁收干。

1人份▸**319kcal**…蛋白质23.1g/脂质22.9g/膳食纤维0.8g

斜着切半，装盘后更美观。

碳水化合物
4.7g
（1人份）
碳水化合物
1.6g
（1人份）

劳累的时候，猪肉可以帮助你恢复精神

肉片拌菜

● 材料（2人份）

猪里脊肉片…200g
黄瓜…1根
生姜…2个
绿紫苏…6片
A（酱油、醋、炒白芝麻、
零热量糖…各2茶匙
盐…2小撮）

● 制作方法

1. 黄瓜切片，撒上少量盐（分量外）揉搓，将生姜、绿紫苏切丝。
2. 向锅里倒入足量的水煮沸，将猪里脊肉片放进锅中烫一下，用漏勺捞起，控干水分。
3. 将步骤1和步骤2的材料、调料A放入钵中混合均匀即可。

1人份 ▸ 298kcal…蛋白质21.2g/脂质20.9g/膳食纤维1.5g

碳水化合物
1.4g
（1人份）

肥肉较少的健康里脊汁满香甜

猪里脊肉香草火腿

材料（2人份）

切块的猪里脊肉…200g

A（蒜末、盐、胡椒、
零热量糖…各1/2茶匙
干罗勒…1/4茶匙
黑胡椒碎…适量）

制作方法

1. 将猪里脊肉表面涂满调料A，裹上保鲜膜，放入可密封的保鲜袋中，抽干空气后密封。
2. 将步骤1的猪肉放进电饭锅中，倒入刚刚浸没的开水（分量外），保温60分钟。

1人份 ▶ 136kcal…蛋白质22.4g/脂质3.8g/膳食纤维0g

POINT

可以添加自己喜欢的嫩菜叶。

diet recipe

牛、羊肉

碳水化合物
2.9g
（1人份）

牛肉可以补充减肥时缺失的铁

牛肉魔芋丝凉拌菜

材料（2人份）

切碎的牛肉…200g
魔芋丝（不要去涩）…200g
丛生口蘑…1把
韭菜…1/2束
芝麻油…2茶匙
A（料酒、酱油…各1汤匙
零热量糖…2茶匙
鸡精粉…1茶匙）

制作方法

1. 将魔芋丝切成小段。将丛生口蘑处理干净后，掰开。将韭菜切成3cm长的段。
2. 将芝麻油倒入平底锅中，开中火，油热后放入牛肉。炒至变色后加入丛生口蘑继续炒。
3. 丛生口蘑变软后放入韭菜、混合好的A，将汤汁炒干。

1人份▸**282kcal**…蛋白质22.4g/脂质17.7g/膳食纤维5.5g

碳水化合物 0.9g（1人份）

减肥时可以多吃羊肉

羊肉香草烧

材料（2人份）

羔羊肉排…4根
（可食用部分约200g）
干迷迭香…适量
橄榄油…1/2汤匙
蒜末…1/2茶匙
盐、黑胡椒碎…各适量

制作方法

1. 将所有食材放入可密封的保鲜袋中，抽干空气后拉上拉链，揉捏混合。静置30分钟。
2. 将步骤1的食材倒入平底锅中，开中火煎。5分钟左右翻面，继续煎5分钟。从锅中取出后用铝箔包裹，放置15分钟。

1人份 ▸ 341kcal…蛋白质15.7g/脂质28.9g/膳食纤维0g

POINT

可以根据喜好加入柠檬片。

碳水化合物5g以下
每天都可以吃饱的瘦身食谱

碳水化合物 **5.2g**（1人份）

用无糖面做成饺子皮，可以减少碳水化合物的摄入

无糖面版铁锅饺子

材料（2人份）

鸡肉末…200g
无糖面（扁面）…1团（180g）
圆白菜…1个
白菜…2个
韭菜…1/2捆
A（生姜末、蒜末、芝麻油、
鸡精粉…各1茶匙
蚝油…1/2茶匙
盐、酱油…各少量）
芝麻油…2茶匙

制作方法

1. 将无糖面放入耐热容器中，无须在表面覆盖保鲜膜，直接放入微波炉中，调至600W挡加热2分钟。将圆白菜、白菜切丝，将韭菜切段。
2. 将鸡肉末、圆白菜、白菜、韭菜、A放入钵中，充分搅拌。
3. 将一半芝麻油倒入平底锅中，开中火烧热，平铺着放入1/4份面。将半份步骤2的材料均匀倒入锅中，再放入1/4份面。烤6分钟左右翻面，盖上锅盖等3分钟。用同样的方法制作剩下的部分。

1人份 ▸ **285kcal**…蛋白质19.9g/脂质18.5g/膳食纤维7.8g

可以根据喜好搭配酱油醋汁。

碳水化合物 3.6g （1人份）

烧卖去皮后更加美味

无皮烧卖

● 材料（2人份12个）

猪肉末…150g
虾仁…50g
小葱…1/2根（40g）
水煮笋…50g
生姜…1块（10g）
A（水…2汤匙
蚝油、芝麻油…各1茶匙
鸡精…1/4茶匙
盐、黑胡椒碎…各适量）
青豆…12粒

● 制作方法

1. 将虾仁、小葱、水煮笋、生姜切碎。
2. 将肉末、步骤1的材料、调料A放进钵中搅拌至黏稠状。分成12等份、捏成丸子形，将青豆摆在上边。
3. 在耐热盘中铺上烹饪用纸，将步骤2的丸子放入盘中，用保鲜膜轻轻包裹后放入微波炉中，调至600W挡加热4分钟。

1人份 ▸ 242kcal…蛋白质19.6g/脂质15.1g/膳食纤维1.8g

POINT

可以根据喜好添加莴苣。
也可搭配辣椒酱油一同食用。

diet recipe

海鲜类

鲑鱼有助于美容

鲑鱼咖喱南蛮渍

（南蛮渍：把葱花、辣椒等配料放入油炸好的鱼或肉里，再加入醋进行腌制的料理）

材料（2人份）

生鲑鱼…2块（200g）
黄瓜…1根（100g）
红辣椒…1/2个（60g）
A（蛋黄酱…2茶匙、
酱油…1/2茶匙）
B（酱油、料酒、醋、
零热量糖…各1汤匙、
咖喱粉、水…各1茶匙
红辣椒块…适量）
鹌鹑蛋（水煮）…4个

制作方法

1. 生鲑鱼切成较大块，黄瓜切成3mm的薄片，红辣椒去子后切成宽约3mm的丝。
2. 将生鲑鱼放入容器中，放入调料A揉捏均匀后放进平底锅中，开中火煎2分钟，煎至焦黄后翻面再烤2分钟。
3. 将黄瓜片、红辣椒、调料B放入耐热容器，用保鲜膜轻轻包裹后放入微波炉中，调至600w挡加热1分钟。将步骤2的食材和鹌鹑蛋混合，静置一会儿。

1人份 ▸ 207kcal…蛋白质24.6g/脂质8g/膳食纤维1.4g

清爽柠檬补充足量维生素C

清爽海味腌泡汁

材料（2人份）

虾仁（冷冻）…200g
紫洋葱…1/3个（60g）
柠檬汁…2茶匙
橄榄油、零热量糖…各1茶匙
盐、黑胡椒碎…各少量

制作方法

1. 紫洋葱切成薄片。
2. 将虾仁放入耐热容器中，用保鲜膜轻轻包裹后放入微波炉中，调至600W加热2分钟。取出后控干水分。
3. 将所有食材放入容器中，搅拌均匀后即可。

1人份 ▸ 120kcal…蛋白质19.4g/脂质2.8g/膳食纤维0.9g

加入莳萝会更加美味。

碳水化合物 4.8g（1人份）

碳水化合物 2.7g（1人份）

青花鱼肉富含DHA · EPA

青花鱼面包

材料（2人份）

青花鱼罐头…1罐（160g）
小葱…3根（15g）
绢豆腐…1/4块（100g）
鸡蛋…1个
生姜末…1/2茶匙
盐、黑胡椒碎…各适量

制作方法

1. 青花鱼罐头去汁，小葱切碎。
2. 将所有材料放进钵中搅拌。
3. 在耐热容器中铺上保鲜膜，放入步骤2的材料，将表面弄平整。用保鲜膜覆盖表面后放入微波炉中，调至600W挡，加热6分钟。
4. 余热散去后切成适量大小。

1人份 ▸ **320kcal**…蛋白质24.2g/脂质22.5g/膳食纤维0.3g

POINT
可以根据喜好添加西式泡菜。

碳水化合物
1.5g
（1人份）

用香脆的油炸豆腐代替长棍面包

青花鱼肉酱罐头

◎ 材料（2人份）

青花鱼罐头…1/2罐（80g）
油炸豆腐…1块（30g）
芹菜…1/4根
小葱…1根
脱脂芝士…25g
蛋黄酱…1茶匙
柠檬汁…1/2茶匙
盐、黑胡椒碎…各少量
金枪鱼酱…适量

◎ 制作方法

1. 青花鱼罐头去汁，油炸豆腐切成三角形，将芹菜和小葱切碎。
2. 将除油炸豆腐、金枪鱼酱之外的所有材料放入容器中，充分混合后弄平整。
3. 在耐热容器中铺上厨用纸巾，摆上油炸豆腐。无须覆盖保鲜膜，直接放入微波炉中，调至600W挡加热4分钟。
4. 食用时，用油炸豆腐蘸金枪鱼酱食用即可。

1人份 ▸ 216kcal…蛋白质14.4g/脂质16.3g/膳食纤维0.5g

碳水化合物 0.9g（1人份）

用车前草代替淀粉勾芡

干烧虾仁

材料（2人份）

虾仁…20个（200g）

小葱…1/4根（20g）

A（水…50mL
料酒、番茄酱…各1汤匙
生姜末、蒜末、芝麻油、
零热量糖…各1茶匙
豆瓣酱、鸡精粉…各1/2茶匙
胡椒粉…少量）

车前草粉…1/2茶匙

制作方法

1. 将小葱切碎。
2. 将葱末、虾仁、调料A放入耐热钵中，用保鲜膜轻轻包裹后放入微波炉中，调至600W挡加热3分钟。取出后全部混合搅拌，再次用保鲜膜轻轻覆盖，放入微波炉继续加热2分钟。
3. 放入车前草粉充分搅匀。

1人份 ▸ 133kcal…蛋白质20.2g/脂质2.7g/膳食纤维1.2g

虾是富含高蛋白，且碳水化合物含量为零的优质食材

蒜蓉虾仁

材料（2人份）

虾（无头）…12个（120g）

蒜…1瓣

A（橄榄油、
白葡萄酒…各1汤匙）

B（黄油…10g
盐、胡椒粉…各少量）

制作方法

1. 虾去壳及虾肠。先用盐水浸泡后用淡水清洗。蒜切碎。
2. 将步骤1中处理好的食材和调料A放入可密封保鲜袋中，去除空气后密封，静置30分钟。
3. 将步骤2中的材料放入平底锅中，开中火。翻炒至全部变色后再放入B。

1人份 ▸ 157kcal…蛋白质12g/脂质10.5g/膳食纤维0.2g

可以根据个人喜好添加莴苣。

碳水化合物
3.9g
（1人份）
碳水化合物
1.3g
（1人份）

富含铁质的鲣鱼搭配超辣沙拉

韩式鲣鱼沙拉

材料（2人份）

鲣鱼刺身…150g
水菜…1/4束
韩国紫菜…2片
小葱…1根
A（醋…1茶匙
芝麻油、酱油…各1茶匙
生姜末、朝鲜辣酱、豆瓣酱…各1/4茶匙
炒白芝麻…适量）

制作方法

1. 水菜切成3cm长的段，将小葱切成末。
2. 将水菜放入盘中，摆上鲣鱼。浇上混合后的调料A，撒上葱末和撕碎的韩国紫菜。

1人份 ▸ 145kcal…蛋白质19.7g/脂质5.7g/膳食纤维0.9g

可以用嫩菜叶、莴苣等代替水菜，或者用自己喜欢的菜叶代替。

碳水化合物 1.5g （1人份）

从金枪鱼和乌贼中摄取优良蛋白质

用金枪鱼和乌贼制作朝鲜生拌牛肉

材料（2人份）

金枪鱼刺身…100g
乌贼刺身…100g
A（酱油…2茶匙
零热量糖…1茶匙
苦椒酱、芝麻油、
豆瓣酱…各1/2茶匙）
鹌鹑蛋黄…2个
炒白芝麻…适量

碳水化合物 1.6g（1人份）

制作方法

1. 将金枪鱼刺身和乌贼刺身切成5mm见方的丁。
2. 将步骤1的材料和调料A放入钵中充分拌匀，倒入盘中，摆上鹌鹑蛋黄、撒上炒白芝麻。

1人份 ▸ 127kcal…蛋白质21.9g/脂质3.1g/膳食纤维0.1g

根据喜好添加青紫苏。剩下的蛋白可以用来做汤。

黄油是减肥中也可食用的脂质

扇贝蜗牛黄油烧

◎ 材料（2人份）

扇贝的贝柱（生）…8个（160g）

A（黄油…10g
生姜末…1/2茶匙
干荷兰芹…适量
盐…1撮）

◎ 制作方法

将贝柱摆在耐热容器中，将混合好的调料A全部均匀地涂在上边，放入微波炉中，调至1000W挡，加热5分钟。

1人份 ▸ 100kcal…蛋白质13.6g/脂质4.3g/膳食纤维0g

碳水化合物
3.4g
（1人份）

嫩煎彩色竹荚鱼

◎ 材料（2人份）

竹荚鱼…3段（140g）
黄瓜…1/2根
圣女果…2个
A（橄榄油、醋…各1茶匙
芥末粉…1/2茶匙）
盐、黑胡椒碎…各适量

◎ 制作方法

1. 将黄瓜、圣女果切碎。放入容器中，加入调料A充分拌匀。放入部分盐、黑胡椒碎调味。
2. 在鱼身上撒盐和黑胡椒碎。将鱼皮朝下放入平底锅中，开中火。将两面煎至焦黄后盛入盘中，将步骤1的食材撒在上边。

1人份 ▸ 118kcal…蛋白质14.3g/脂质5.4g/膳食纤维0.4g

蔬菜满满的酱汁是
这道料理的风味所在。

碳水化合物
1.6g
（1人份）

蔬菜

圆圆的西蓝花口感十足

用西蓝花和虾仁制作熟食沙拉

材料（2人份）

西蓝花…10块
煮虾…6个（60g）
煮鸡蛋…1个
西式泡菜…1棵
A（蛋黄酱…1/2汤匙
豆乳…1茶匙）

制作方法

1. 将西蓝花煮后捞出，将煮鸡蛋切成较大块，泡菜切碎。
2. 将所有食材放入容器中，加入调料A拌匀。

1人份 ▸ 162kcal…蛋白质12.6g/脂质10.1g/膳食纤维3.5g

POINT
可以不加泡菜和豆乳。

低热量的拌菜可以在没有食欲的时候用来充饥

用茄子和毛豆制作生姜橙汁拌菜

材料（2人份）

茄子…2个（160g）
毛豆…10g
A（芝麻油…1/2茶匙
盐…少量）
B（生姜末…1/4茶匙
橙汁…1茶匙）

制作方法

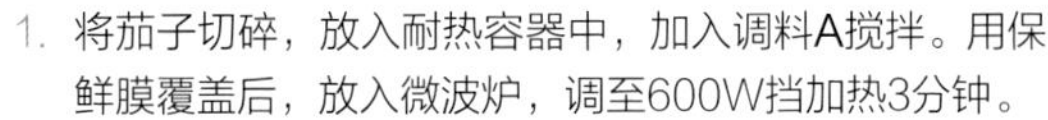

1. 将茄子切碎，放入耐热容器中，加入调料A搅拌。用保鲜膜覆盖后，放入微波炉，调至600W挡加热3分钟。
2. 将毛豆、调料B与步骤1的食材拌在一起。

1人份 ▸ 35kcal…蛋白质1.6g/脂质1.4g/膳食纤维2g

碳水化合物
2.9g
（1人份）
碳水化合物
2.8
（1人份）

碳水化合物
1.4g
（1人份）

加入豆瓣酱可以使这道料理的减肥效果更明显

火辣辣的辣黄瓜

◎ 材料（2人份）

黄瓜…1根

A（芝麻油…1茶匙
酱油、豆瓣酱、鸡精粉…各1/2茶匙）

◎ 制作方法

1. 将黄瓜切成小块。
2. 将黄瓜、调料A放入可密封的保鲜袋中，抽干空气后拉上密封，轻轻揉搓。放置片刻后即可食用。

1人份 ▸ 29kcal…蛋白质0.8g/脂质2.1g/膳食纤维0.7g

碳水化合物 1.8g（1人份）

富含优良脂质的牛油果具有美容功效

牛油果奶汁干酪杯

◎ 材料（2人份）

牛油果…1个
水煮虾…8个（80g）
金枪鱼罐头（水）…1罐（70g）
A（蛋黄酱…2汤匙
粗磨黑胡椒碎…适量）
比萨用芝士…10g

◎ 制作方法

1. 将牛油果切成两半，去核。剜出果肉放进容器中。
2. 将虾、去掉汤汁的金枪鱼、调料A放入步骤1的容器中，边将牛油果捣碎边混合食材。再放入牛油果皮，摆上芝士。
3. 放进预热至180℃的烤箱烤3~5分钟。

1人份 ▸ 347kcal…蛋白质16.8g/脂质29.4g/膳食纤维5.3g

碳水化合物
2.9g
（1人份）

多食用富含膳食纤维和钙的羊栖菜

用蒸鸡和羊栖菜制作营养沙拉

◎ 材料（2人份）

蒸鸡（P29）…1/3份
羊栖菜（干燥）…10g
水菜…1/2捆
毛豆…40g
酱油、零热量糖…各1/2茶匙
炒芝麻（白）、生姜末…各1/2茶匙
盐、黑胡椒碎…各少量

◎ 制作方法

1. 将蒸鸡撕碎，羊栖菜用水泡开，控干水分。将水菜切成3cm长的段。
2. 将除水菜以外的其他食材放入容器中混合。
3. 在盘中铺上水菜，将步骤2的食材盛在上边。

1人份 ▸ **177kcal**…蛋白质27.7g/脂质3.8g/膳食纤维5.1g

碳水化合物 2.2g （1人份）

核桃富含能够改善健康状况的Ω3脂肪酸

用芸豆和核桃制作白芝麻豆腐拌菜

◎ 材料（2人份）

豆角…5根（50g）
核桃（素烧）…10g
绢豆腐…1/4块（100g）
A（酱油、味噌、零热量糖…各1/2茶匙
盐…1撮）

◎ 制作方法

1. 将豆角去蒂，切成3cm长的段。将核桃切碎，将绢豆腐控干水分。
2. 用湿纸巾包住豆角，放入微波炉中，调至600W加热1分钟。
3. 将绢豆腐、调料A放入钵中混合，加入豆角和核桃碎混合均匀。

1人份 ▸ **72kcal**…蛋白质4g/脂质5.1g/膳食纤维1.2g

再来一份精美配菜

山形县特产：凉拌豆腐

◎ 材料（2人份）

绢豆腐…1/2块（200g）
黄瓜…1/2根
茄子…1/2根
秋葵…1根
青紫苏…1片
蘘荷…1个
小葱…1根
鲣鱼干…适量
A|（酱油、零热量糖…各1茶匙）

◎ 制作方法

1. 分别将黄瓜、茄子、秋葵、青紫苏、蘘荷、小葱切碎。将绢豆腐切成四等份，盛入盘中。
2. 将步骤1的蔬菜、鲣鱼干、调料A放入钵中搅拌。放进冰箱静置30分钟，取出后拌在豆腐上。

1人份▶86kcal…
蛋白质7.6g/脂质4.3g/膳食纤维1.7g

用圆白菜和小沙丁鱼制作韩式拌菜

◎ 材料（2人份）

圆白菜…2个（140g）
小沙丁鱼…20g
烤紫菜碎…1片
A|（芝麻油…1茶匙
鸡精粉…1/2茶匙）

◎ 制作方法

1. 将圆白菜切成大块。
2. 将步骤1的圆白菜放入可加热容器中，用保鲜膜轻轻覆盖后放入微波炉中，调至600W挡加热2分钟。将小沙丁鱼、烤紫菜碎、调料A拌在一起。

1人份▶50kcal…
蛋白质4g/脂肪2.4g/膳食纤维1.8g

豆芽菜咖喱腌泡汁

◎ 材料（2人份）

豆芽菜…1袋（200g）
A|（西式高汤粉…1茶匙
咖喱粉、零热量糖…各1/2茶匙）

◎ 制作方法

将豆芽菜放入耐热容器中，用保鲜膜轻轻包裹后放入微波炉中，调至600W挡加热3分30秒，取出后加入调料A搅拌即可。

1人份▶44kcal…
蛋白质3.9g/脂质1.7g/膳食纤维2.5g

蘑菇烧芝士

◎ 材料（2人份）

蘑菇…6个
卡芒贝尔芝士…20g
核桃仁…6个
黑胡椒碎…适量

◎ 制作方法

1. 用湿纸巾将蘑菇擦干净，去柄。将卡芒贝尔芝士分成六等份，将核桃仁包入后，放在蘑菇上。
2. 放进预热至180℃的烤箱烤3分钟。取出后放进盘中，撒上黑胡椒碎。

1人份▶156kcal…
蛋白质5.3g/脂质15g/膳食纤维1.9g

满是蔬菜的山形县乡土料理！

凉拌豆腐

碳水化合物 2.7g（1人份）

富含蛋白质的豆芽菜，口感十足

豆芽菜咖喱腌泡汁

碳水化合物 1g（1人份）

碳水化合物 2.8g（1人份）

用小沙丁鱼补充容易缺失的钙质

用圆白菜和小沙丁鱼制作韩式拌菜

碳水化合物 1g（1人份）

浓浓的芝士可以带来强烈的满足感

蘑菇烧芝士

魔芋丝泰式春雨沙拉

● 材料（2人份）

煮虾…10尾（100g）
魔芋丝…100g
黄瓜…半根
紫洋葱…1/6根
芹菜…1/4根
圣女果…2个
鱼露、零热量糖、柠檬汁…各1茶匙
红辣椒（切成圆片）…适量

● 制作方法

1. 魔芋丝煮一下，控干水分后切碎。黄瓜切丝，紫洋葱、芹菜切成薄片。圣女果去蒂后切成圆片。
2. 将所有食材搅拌均匀即可。

1人份▸81kcal…
蛋白质15.2g/脂质0.4g/膳食纤维2.5g

金平青椒樱花虾

（“金平”是日本家常菜的做法，具体方法是将根菜类蔬菜切丝后用酱油、砂糖等调味料炒即可）。

● 材料（2人份）

青椒…2个（60g）
樱花虾…5g
芝麻油…1茶匙
盐、胡椒粉…各少量

● 制作方法

1. 除去青椒的蒂和子，切成3mm左右宽的丝。
2. 将所有食材放进耐热容器中搅拌，然后用保鲜膜轻轻包裹，放入微波炉中，调至600W挡，加热1分钟。

1人份▸34kcal…
蛋白质1.9g/脂质2.2g/膳食纤维0.7g

芦笋和辣椒制作的中式拌菜

● 材料（2人份）

芦笋…5根（100g）
红、黄辣椒…各1/4个（30g）
盐…2撮
A（醋…1/2汤匙
鸡精粉…1/2茶匙
芝麻油…1/2茶匙）

● 制作方法

1. 将芦笋根部坚硬部分的皮剥掉，斜着切成长约3cm的菱形块。除去辣椒的蒂和子，切成8mm左右宽的丝。
2. 将步骤中1的食材放入耐热容器中，撒上盐，用保鲜膜轻轻包裹后放入微波炉中，调至600W挡加热1.5分钟。放入调料A，充分拌匀后静置一段时间。

1人份▸37kcal…
蛋白质1.9g/脂质1.2g/膳食纤维1.4g

用豆类和圆白菜制作的蔬菜沙拉

● 材料（2人份）

混合豆类（蒸过的）…25g
圆白菜…1个
黄瓜…半根
蛋黄酱…2茶匙
盐、胡椒粉、柠檬汁…各少量

● 制作方法

1. 将圆白菜、黄瓜切成5mm左右的小块。撒上少量盐（分量外）揉搓，然后控干水分。
2. 将所有材料混合。

1人份▸60kcal…
蛋白质2.1g/脂质3.4g/膳食纤维2.1g

也可以将豆类煮熟。

用低糖魔芋丝代替粉丝，制作人气泰式料理

魔芋丝泰式春雨沙拉

碳水化合物 2.4g（1人份）

富含维生素 C 的青椒

金平青椒樱花虾

碳水化合物 0.9g（1人份）

醋的加入不但使这道料理减肥效果良好，而且口感更加清爽

芦笋和辣椒制作的中式拌菜

碳水化合物 4.1g（1人份）

营养价值极高的混合豆类

用豆类和圆白菜制作的蔬菜沙拉

碳水化合物 4.6g（1人份）

diet recipe

蛋类、芝士、大豆制品

既健康、又能充饥的美味豆腐

日式烧豆腐

材料（2人份）

豆腐…1块（400g）
小葱…6根
A（料酒…4汤匙
酱油、零热量糖…1汤匙
生姜末…2茶匙）
鲣鱼干碎…2袋（4g）
色拉油…2茶匙

制作方法

1. 将豆腐的水分控干，切成六等份，将小葱切碎。
2. 向平底锅中倒入色拉油，开中火烧热，将豆腐放入锅中煎至两面金黄后装入盘中。将鲣鱼干碎和葱花放入锅中翻炒后摆在豆腐上。
3. 倒入调料A，将汤汁收干即可。

1人份 ▸ 223kcal…蛋白质15.9g/脂质12.5g/膳食纤维1.1g

足量鸡蛋制作的无糖料理

葱煎鸡蛋卷

材料（2人份）

鸡蛋…3个
樱花虾…2茶匙
小葱…2根
水…2汤匙
和风高汤粉、零热量糖…各1/2茶匙
色拉油…适量

制作方法

1. 将小葱切碎。
2. 将除色拉油以外的所有食材放进容器中混合。
3. 将色拉油倒进平底锅中，开中火，倒入半份步骤2的混合物，将锅轻轻晃动使蛋液均匀地铺满锅底，煎至成形后，将鸡蛋卷起。剩下的蛋液分1~2次倒入，用同样的方法卷起。

1人份 ▸ 148kcal…蛋白质11g/脂质10.6g/膳食纤维0.1g

碳水化合物
3.9g
（1人份）

碳水化合物
0.6g
（1人份）

海藻中富含丰富的膳食纤维！

芝士紫菜卷

材料（2人份）

烤紫菜（卷菜用）…4片
切片芝士…8片
芦笋…1根

制作方法

1. 将芦笋根部较硬的皮剥掉，切成两段，放入锅中煮。
2. 在每一片烤紫菜上放2片芝士。
3. 放入芦笋后卷成卷。将剩下的食材按照这样的顺序卷起后，切成较大块。

1人份 ▸ 258kcal…蛋白质19.1g/脂质19g/膳食纤维2.4g

碳水化合物 1.7g（1人份）

鹌鹑蛋虽小，但营养价值丰富

鹌鹑蛋花

◎ 材料（2人份）

鹌鹑蛋…6个
青椒…1个

◎ 制作方法

1. 青椒去子，切成5mm宽的辣椒圈。
2. 将平底锅用中火加热，将步骤1的食材放入平底锅，在每个辣椒圈中都打入1个鹌鹑蛋。煎至自己喜好的熟度即可。

1人份 ▸ **68kcal**…蛋白质4.8g/膳食纤维0.4g

碳水化合物 **0.5g**（1人份）

油炸豆腐味噌芝士烧

◎ 材料（2人份）

油炸豆腐…1块
小葱…1根
A（味噌…2茶匙
零热量糖…1/2茶匙）
比萨用芝士…20g

◎ 制作方法

1. 将油炸豆腐切成四等份，将小葱切碎。
2. 将混合好的调料A涂在豆腐上，依次摆上芝士、葱末，放入预热至180℃的烤箱烤3~5分钟。

1人份▸87kcal…
蛋白质5.4g/脂质6.4g/膳食纤维0.5g

用脱脂乳酪和毛豆制作鸡蛋蒸锅

◎ 材料（2人份）

鸡蛋…2个
杏仁牛奶（无糖）…200mL
毛豆…30g
脱脂乳酪…30g
盐、胡椒粉…各少量

◎ 制作方法

1. 将鸡蛋、杏仁牛奶、盐、胡椒粉放入容器中混合均匀。
2. 准备2个蒸锅，分别将半份毛豆、半份脱脂乳酪放进蒸锅，然后将步骤1的混合材料分别倒入2个蒸锅，放进预热至180℃的烤箱烤10~15分钟。将剩下的原料按照同样的方法烹饪。

1人份▸141kcal…
蛋白质11g/脂质8.8g/膳食纤维2.2g

炒豆腐

◎ 材料（2人份）

豆腐…1/4块（100g）
鸡肉馅…50g
扁豆…2根
香菇…1个
小葱…1/4根
芝麻油…1/2茶匙
A（水…2汤匙
酒、零热量糖…各1汤匙
酱油…1/2汤匙）

◎ 制作方法

1. 将豆腐的水分控干，扁豆去蒂后切成约3mm长的丁。香菇去柄后切碎，小葱切碎。
2. 将芝麻油倒入平底锅中，开中火烧热，倒入鸡肉馅翻炒至变色，再放入步骤1中的食材。翻炒均匀后再炒3分钟，倒入调料A，将汤汁炒干就可以出锅了。

1人份▸121kcal…
蛋白质8.7g/脂质7.5g/膳食纤维1g

芝士香丁

◎ 材料（2人份）

烟熏芝士（或者加工芝士）…6个
黄瓜…1/4根
煮虾…6尾（60g）

◎ 制作方法

1. 将黄瓜切成1cm宽的半圆形块。
2. 用扦子（或牙签）依次将虾、芝士、黄瓜穿成串。

1人份▸80kcal…
蛋白质11.3g/脂质3.4g/膳食纤维0.2g

口味香浓的油炸豆腐，
带给你无限的满足感

油炸豆腐味噌芝士烧

豆腐可以补充优质蛋白质

炒豆腐

健康的脱脂乳酪可以放心食用

用脱脂乳酪和毛豆制作鸡蛋蒸锅

芝士可以补充人体所需的钙质

芝士香丁

diet recipe

面、意大利面

用无糖面制作泰式料理

泰式炒面

◎ 材料（2人份）

无糖面（熟面）…2团（约360g）
猪肉丝…60g
虾仁…8个（约80g）
韭菜…1小捆
蒜…1瓣
橄榄油（或者色拉油）…1茶匙
红辣椒（切碎）…适量
A（醋、鱼露…各1汤匙
零热量糖…2茶匙
酱油…1茶匙
柠檬汁…1/2茶匙）
豆芽菜…1/4袋
杏仁…10个

◎ 制作方法

1. 将韭菜切成3cm长的段。将蒜切碎，杏仁捣碎。
2. 向平底锅中倒入橄榄油，放入韭菜和红辣椒碎，开小火。待到有香气飘出后，放入面、猪肉丝和虾仁一起炒。炒至猪肉变色后放入调料A，将汤汁炒干。
3. 放入韭菜和豆芽菜稍微炒一下，盛盘，最后撒上杏仁。

1人份 ▸ **210kcal**…蛋白质17.9g/脂质11.6g/膳食纤维13.2g

无糖面是用豆腐渣和魔芋制作的面。
与低糖面（如含糖50%）不同，
不含碳水化合物。可以在超市中买到（▸▸ P13）

添上温泉蛋，质感十足

中式拌面

◎ 材料（2人份）

无糖面（圆面）…2团（360g）
鸡肉馅…150g
A（料酒、酱油…各1汤匙
生姜末、蒜末、豆瓣酱、
零热量糖…各1茶匙
五香粉（选用）…少量）
温泉蛋…2个
烧紫菜…2片
高汤粉（有的话）…1茶匙
小葱…4根

◎ 制作方法

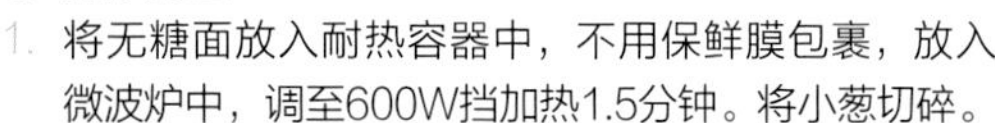

1. 将无糖面放入耐热容器中，不用保鲜膜包裹，放入微波炉中，调至600W挡加热1.5分钟。将小葱切碎。
2. 将鸡肉馅、调料A放入耐热容器中混合均匀，用保鲜膜轻轻包裹，放入微波炉中，调至600w挡加热3分钟。取出后拌匀，再用保鲜膜轻轻包裹，放入微波炉加热3分钟。
3. 将面盛在容器中，放入步骤2的材料和撕碎的烧紫菜。撒上高汤粉、放入温泉蛋即可。

1人份 ▸ **299kcal**…蛋白质23.4g/脂质19.2g/膳食纤维11.7g

碳水化合物
3.5g
（1人份）
碳水化合物
1.8g
（1人份）

碳水化合物
2.1g
（1人份）

使用无糖面制作，可以放心吃到饱

金枪鱼和蘑菇日式意大利面

◎ 材料（2人份）

无糖面（圆面）…2团（360g）
金枪鱼罐头…2罐（140g）
舞菇…2把（约200g）
小葱…4根（20g）
A（酱油…2茶匙
和风高汤粉…1/2茶匙）
海苔丝…适量

◎ 制作方法

1. 将无糖面控干水分，将舞菇撕成小块，将小葱切碎。
2. 将步骤1的食材、调料A、金枪鱼罐头倒入耐热容器中，用保鲜膜包裹后放入微波炉中，调至600W挡加热3分钟。拌匀后盛入盘中，再摆上海苔丝。

1人份 ▸ **89kcal**…蛋白质15g/脂质1.4g/膳食纤维14.1g

碳水化合物
5.5g
（1人份）

减肥过程中也可食用奶油意大利面

奶油海鲜意大利面

材料（2人份）

无糖面（圆面）…2团（360g）
虾仁…100g
牡蛎…100g
芦笋…3根
A（杏仁牛奶（无糖）…200mL
奶油芝士…50g
西式高汤粉…1茶匙
盐、胡椒粉…各少量）

制作方法

1. 将无糖面煮熟后控干水分，剥去芦笋根部坚硬部分的皮，切成3cm长的段。
2. 将虾仁、牡蛎、芦笋放入平底锅中，开中火。烧热后放入无糖面翻炒。
3. 加入调料A，将汤汁煮至黏稠状就可以出锅了。

1人份 ▸ 209kcal…蛋白质17.3g/脂质11.3g/膳食纤维12.3g

diet recipe

米饭

用魔芋米代替大米，可以有效降低碳水化合物

猪肉泡菜炒饭

材料（2人份）

魔芋米（生）…2袋（200g）
切片猪腿肉…100g
朝鲜泡菜…100g
小葱…4根
芝麻油…1茶匙
蛋液…2个份
A（酱油…1茶匙
鸡精粉…1/2茶匙
盐、胡椒粉…各少量）

制作方法

1. 魔芋米控干水分，将朝鲜泡菜和小葱切碎。
2. 向平底锅中倒入芝麻油，开中火烧热。放入魔芋米迅速翻炒后，放入切片猪腿肉、朝鲜泡菜、葱花，炒至猪肉变色。
3. 加入蛋液和调料A，炒至稀软。

1人份 ▸ 228kcal…蛋白质19g/脂质13g/膳食纤维6.6g

魔芋米是加工成饭粒大小的魔芋，分为干燥和熟的两类。熟魔芋米不用煮，可以直接食用。
市面上售卖的“魔芋粒”也是这种魔芋米（▸▸ P13）。

魔芋不仅健康，还富含膳食纤维

海鲜烩饭

材料（2人份）

魔芋米（生）…2袋（200g）
混合海鲜（冷冻）…200g
小葱…1/4根
青椒…1个
黄油…5g
西式高汤粉…1/2茶匙
盐、胡椒粉…各少量

制作方法

1. 将魔芋米控干水分，混合海鲜解冻后控干水分。小葱切碎，青椒去子和蒂后切碎。
2. 将黄油放入平底锅中，开中火化开，放入小葱和青椒迅速翻炒后，将魔芋米、混合海鲜、西式高汤粉放入锅中翻炒，撒上盐、胡椒粉调味。

1人份 ▸ 88kcal…蛋白质12.6g/脂质2.5g/膳食纤维5.7g

碳水化合物 3.7g（1人份）

碳水化合物 2g（1人份）

碳水化合物 6.7g（1人份）

咖喱和面包坯组合，质感十足

热狗

◎ **材料（2人份）**

「生食材」
豆腐渣（颗粒）…20g
车前草、发酵粉…各1茶匙
水…140mL
盐…2撮

咖喱肉末（P17）…1份
维也纳香肠…2根
莴苣、蛋黄酱…各适量

◎ **制作方法**

1. 将所有生食材放入容器中，充分搅匀。
2. 将保鲜膜铺平，将步骤1的材料分成两等份，做成面包坯的形状。放入耐热容器中，用保鲜膜紧紧包裹后放入微波炉中，调至600W挡加热3分钟。

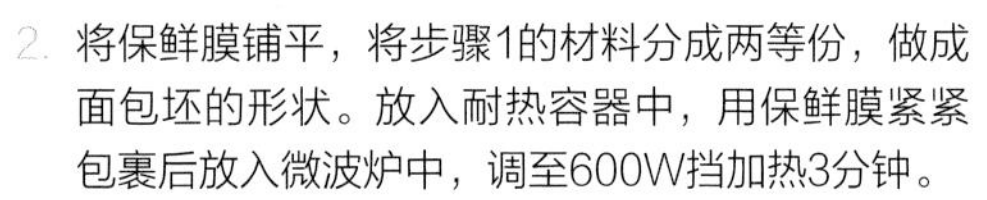

3. 分别将半份莴苣、半份温热的肉末咖喱、半份烤过的维也纳香肠依次放在步骤2的豆腐渣坯上，最后浇上蛋黄酱。

1人份 ▸ **316kcal**…蛋白质20.4g/脂质20.5g/膳食纤维9.8g

碳水化合物
0.1g
（1人份）

用豆腐粉和车前草制作“芝士面包”

黏糯芝士球

◎ 材料（10个份）

豆腐渣、芝士粉…各20g
车前草…5g
发酵粉…1/2茶匙
水…110mL

◎ 制作方法

1. 将所有材料放入容器中充分拌匀，分成10等份，团成球形。
2. 将步骤1中的食材放在铺有铝箔的烤盘上，放入预热至180℃的烤箱中烤10~15分钟。

1人份 ▸ 16kcal…蛋白质1.3g/脂质0.8g/膳食纤维1.7g

摆放时，每两个芝士球之前需留有一定间隔，以防粘黏。

专栏3

可以同时进行训练（睡前篇）

下面将介绍不需要专用场地和道具，利用空闲时间就能够完成的简单动作，而且是有助于减肥的训练法。这套动作在家休息时就可以做，可以躺着进行，很适合睡前躺在床上做。

抬臀

抬放臀部

1. 屈膝仰卧。
2. 抬起臀部，在最高处停留数秒。慢慢收回。

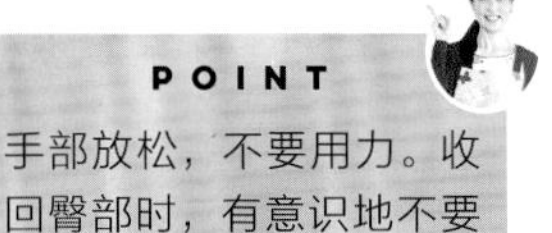

POINT

手部放松，不要用力。收回臀部时，有意识地不要放在床上，这样效果更好。

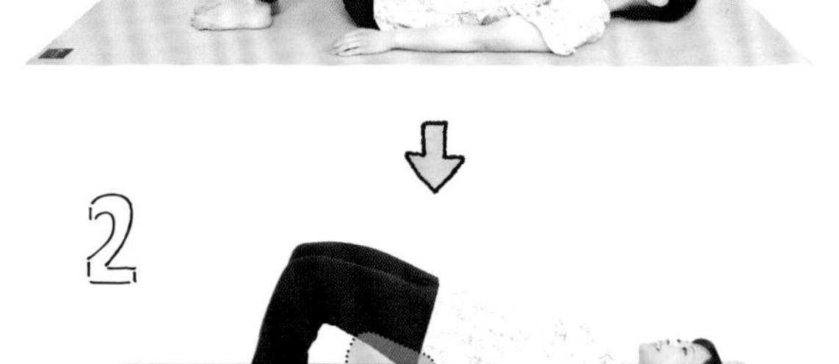

收紧大腿外侧

抬腿运动

1. 侧卧，上侧脚部呈90°。
2. 慢慢抬起上侧大腿。慢慢收回。另一侧重复同样的动作。

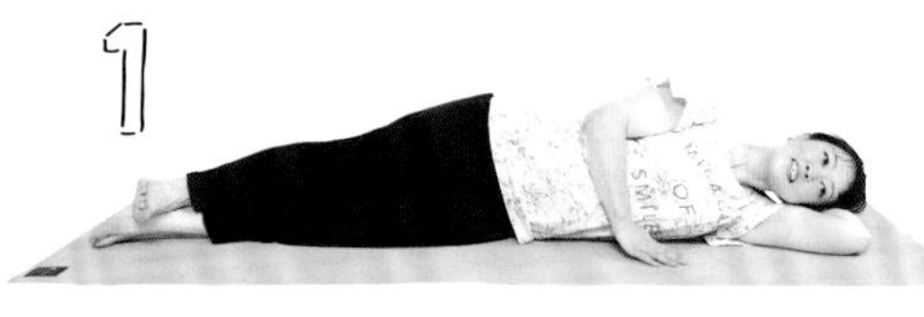

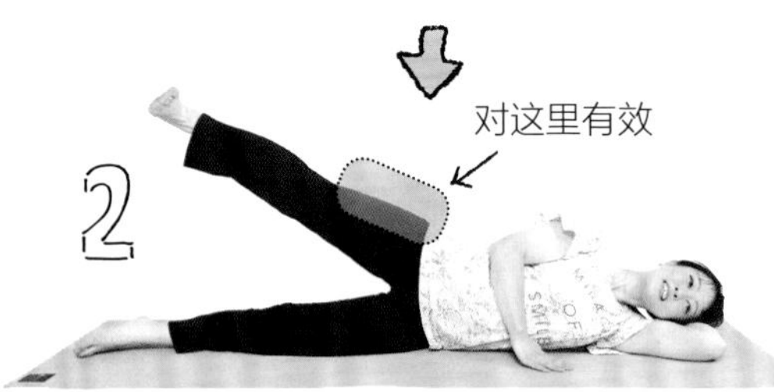

POINT

抬起后坚持数秒，效果更好。

\ 不用强忍着不吃零食！ /

魅惑甜点&小吃食谱

这些在减肥过程中不敢碰的点心，
只需要变换制作方法就可以放心地吃。
制作要点是将糖及小麦粉、
土豆等碳水化合物含量较多的食材换掉。
看着香甜可口的点心，
是不是控制不住想要来一块的想法，
这一章主要介绍专为吃货准备的创意食谱。

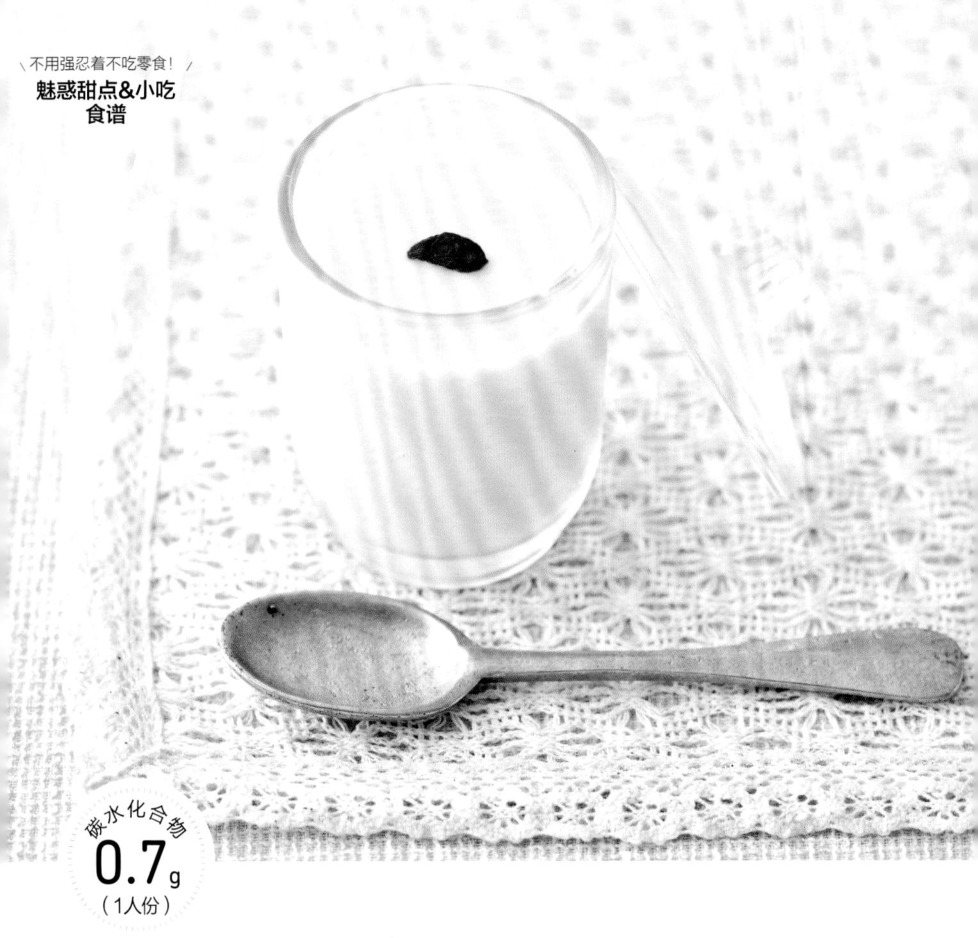

碳水化合物
0.7g
（1人份）

健康低糖的杏仁豆腐

黏糊糊的杏仁豆腐

材料（2人份）

杏仁牛奶（无糖）…220mL
零热量糖…2茶匙
明胶片…2g
水…1汤匙
枸杞（选用）…2颗

POINT
推荐多放些杏仁精华。

制作方法

1. 将杏仁牛奶置于室温环境下。
2. 另取一个容器，加入适量的水，将明胶片泡发。不用保鲜膜包裹，直接放入微波炉中，调至600W挡加热15秒，加热至明胶片融化。
3. 将所有材料放入钵中搅拌，倒入玻璃杯中，放进冰箱冷却凝固。最后将枸杞摆在上边即可。

1人份 ▸ 27kcal…蛋白质1.5g/脂质1.7g/膳食纤维1.7g

碳水化合物 0g（1人份）

加入了车前草，口感黏糯

抹茶年糕

材料（2人份）

水…200mL
零热量糖…10g
车前草粉…5g
抹茶…1茶匙
（混合好的）抹茶粉、
零热量糖…适量（根据喜好）

POINT
适当增减零热量糖的量，可以改变甜度。

制作方法

1. 将除抹茶和零热量糖之外的所有材料放入耐热容器中，充分拌匀。
2. 不用保鲜膜包裹，直接放入微波炉，调至600W挡加热2分钟，取出后拌匀。不用保鲜膜包裹，再次放入电子微波炉中，每次加热30秒，直至食材膨胀且上色。
3. 取出后放凉，然后放进冰箱中冷却。吃的时候切成较大块摆在容器中，抹上混合好的抹茶粉和零热量糖。

1人份 ▸ 4kcal…蛋白质0.4g/脂质0.1g/膳食纤维2.7g

碳水化合物
0.5g
（1人份）

用豆腐渣制作的薄煎饼

薄煎饼

◎ 材料（2人份）

杏仁牛奶（无糖）…50mL
豆腐渣…15g
发酵粉…1/2茶匙
鸡蛋…1个
零热量糖…2茶匙
化黄油…10g
香草精…适量

◎ 制作方法

1. 将所有食材放入容器中混合。
2. 将半份步骤1的材料倒入平底锅中，开小火烤5分钟，翻面再烤3分钟。另外半份用同样的方法制作。

1人份 ▸ **108kcal**…蛋白质5g/脂质8.1g/膳食纤维5.1g

可以根据喜好调整黄油的使用量。根据豆腐渣颗粒的大小调整水分的使用量。完成后可以添加可可粉或抹茶粉。

碳水化合物 0.4g（1人份）

咖啡最适合搭配奶油芝士

提拉米苏松露

◎ 材料（6个份）

混合坚果（素烧）…10g
奶油芝士…60g
零热量糖…1茶匙
速溶咖啡粉…1撮
可可粉（无糖）…适量

◎ 制作方法

1. 将混合坚果捣碎。
2. 将奶油芝士、零热量糖、速溶咖啡粉倒入容器中，搅拌至润滑。加入步骤1的材料混合，静置6分钟。最后撒上可可粉。

1人份 ▸ 45kcal…蛋白质1.1g/脂质4.3g/膳食纤维0.2g

魔芋薯条

◎ 材料（2人份）

魔芋…200g

自己喜欢的调味料（西式高汤粉等）…适量

◎ 制作方法

1. 魔芋切成薄片，装入可密封保存袋中，抽干空气后拉上密封，在冰箱中放置一晚。
2. 从冰箱取出步骤1的食材，自然解冻后控干水分，放入容器中加入调味料混合。放入耐热容器中，不用保鲜膜包裹直接放入微波炉中，调至600W挡加热4分钟。取出后再次加热1分钟，直至变得干燥。

1人份 ▸ 5kcal…
蛋白质0.1g/脂质0g/膳食纤维2.2g

鸡肉干

◎ 材料（2人份）

蒸鸡（P29）…1/3份（200g）

A|（盐、黑胡椒碎…各适量）

◎ 制作方法

1. 蒸鸡切成薄片，放入铺有铝箔的烤盘上，撒上调料A。
2. 放入预热至180℃的烤箱中烤10~15分钟。

1人份 ▸ 123kcal…
蛋白质23.3g/脂质1.9g/膳食纤维0g

将水分烤干。出现焦痕时用铝箔包住。

芝士薯条

◎ 材料（2人份）

切片芝士…4片（约70g）

浒苔…适量

◎ 制作方法

1. 将芝士切成8等份。
2. 将切好的芝士摆在铺有烹饪用纸的耐热容器中，撒上浒苔。不用保鲜膜包裹直接放入微波炉中，调至600W挡加热4分钟。

1人份 ▸ 119kcal…
蛋白质8g/脂质9.1g/膳食纤维0g

POINT

加热至上色即可。

豆腐薯条

◎ 材料（2人份）

木棉豆腐…1块（400g）

咖喱粉…1/2茶匙

盐…少量

◎ 制作方法

1. 将所有材料用搅拌机打至丝滑，放入铺有烹饪用纸的耐热容器上，用汤匙碾平。
2. 无需用保鲜膜包裹，直接放入微波炉，调至600W挡加热10分钟。取出后观察食材的变化情况再次加热，直至食材干燥。完成后切成适量大小。

1人份 ▸ 146kcal…
蛋白质13.3g/脂质8.5g/膳食纤维1g

POINT

根据盘子的大小，可以分两次加热。按压时要将食材碾得薄一些。

魔芋冷冻后口感也会有所不同

魔芋薯条

碳水化合物 0.1g（1人份）

口感很好的小吃，
很适合嘴馋的时候享用

芝士薯条

碳水化合物 0.1g（1人份）

碳水化合物 0.5g（1人份）

碳水化合物 2.5g（1人份）

富含矿物质的浒苔，
别有一番风味

鸡肉干

用豆腐代替薯条！

豆腐薯条

用富含膳食纤维的豆腐渣制作的小吃

豆渣蛋糕

碳水化合物 0.2g（1人份）

◎ 材料（蛋糕模型4个份）

豆腐渣…15g
水…80mL
鸡蛋…1个
零热量糖…2茶匙
车前草粉、发酵粉…各1/2茶匙
香草精…适量

◎ 制作方法

1. 将所有材料放入钵中混合，然后分成4等份倒入模具中。
2. 用保鲜膜轻轻包裹，放入微波炉中，调至600W挡加热5分钟。取出后放凉。

1人份 ▸ 33kcal…
蛋白质2.4g/脂质1.9g/膳食纤维2.8g

不加糖也很好吃的冰淇淋

香草冰激凌

碳水化合物 0.8g（1人份）

◎ 材料（4人份）

生奶油…100mL
鸡蛋…1个
零热量糖…1汤匙
香草精…适量

◎ 制作方法

1. 准备3个容器，分别倒入生奶油、蛋清、蛋黄。
2. 向装有生奶油的容器中倒入零热量糖和香草精。
3. 将蛋清和生奶油打至发白，蛋黄打发至起泡。
4. 将所有材料放进同一个容器中混合均匀，放入冰箱冷却凝固。

1人份 ▸ 129kcal…
蛋白质2.2g/脂质12.7g/膳食纤维0g

毛豆富含优良蛋白质

毛豆麻薯

碳水化合物 1.9g（1人份）

◎ 材料（2人份）

毛豆…100g
零热量糖…20g
盐…2撮
水…2茶匙

◎ 制作方法

1. 将毛豆的薄膜剥掉。
2. 将所有材料放入搅拌机打至丝滑。

1人份 ▸ 68kcal…
蛋白质5.8g/脂质3.1g/膳食纤维2.5g

POINT
没有搅拌机的话可以用蒜臼。

碳水化合物 4.9g（1人份）

这样满满的一杯，
碳水化合物的含量还不到5g

奢华芭菲

◎ 材料（2人份）

抹茶年糕（P105）、
豆渣蛋糕（P110）、
毛豆麻薯（P111）…各适量
香草冰激凌（P110）…1/2份
混合豆类（蒸过的）…20g
黄豆粉…适量

◎ 制作方法

1. 将2块豆渣蛋糕撕成较大块。
2. 将步骤1的材料、抹茶蛋糕、香草冰激凌、毛豆麻薯、剩下的豆渣蛋糕、混合豆类按照顺序分别放入2个玻璃杯中，然后撒上黄豆粉。

1人份 ▸ 279kcal…
蛋白质14.2g/脂质19.7g/膳食纤维11.6g

图书在版编目（CIP）数据

低糖减脂瘦身餐112道 /（日）铃木沙织著；梁京译.
—北京：中国轻工业出版社，2024.1
ISBN 978-7-5184-2852-6

Ⅰ. ①低…　Ⅱ. ①铃…　②梁…　Ⅲ. ①减肥－食谱
Ⅳ. ①TS972.161

中国版本图书馆CIP数据核字（2019）第289969号

责任编辑：卢　晶　　责任终审：张乃柬　　责任监印：张京华
整体设计：锋尚设计　　责任校对：朱燕春

出版发行：中国轻工业出版社（北京鲁谷东街5号，邮编：100040）
印　　刷：北京博海升彩色印刷有限公司
经　　销：各地新华书店
版　　次：2024年1月第1版第3次印刷
开　　本：880×1230　1/32　印张：3.5
字　　数：150千字
书　　号：ISBN 978-7-5184-2852-6　定价：39.80元
邮购电话：010-85119873
发行电话：010-85119832　传真：85119912
网　　址：http://www.chlip.com.cn
Email：club@chlip.com.cn
如发现图书残缺请与我社邮购联系调换
232023S1C103ZYW